U0174804

计算机网络安全技术

主　编　汪双顶　杨剑涛　余　波
副主编　龚正江　杨　霞　康世瑜
　　　　郑　娟

电子工业出版社

Publishing House of Electronics Industry

北京 · BEIJING

内 容 简 介

本书全面地介绍计算机网络安全领域的安全实施和安全防范技术。全书共分为 11 个项目，项目一介绍计算机网络安全的基本概念、内容和方法，随后的十个项目分别从网络安全技术在日常生活中实施的过程角度，针对日常使用网络过程的不同层面，对计算机网络安全的相关理论与方法进行了详细介绍；主要内容包括：排除常见网络故障，使用 360 软件保护客户端安全，保护 Windows 主机安全访问，保护 Windows 文件系统安全，保护网络设备控制台安全，保护交换机端口安全，实施虚拟局域网安全，实施网络广播风暴控制安全，实施访问控制列表安全，实施防火墙安全。

本书适用于职业类学校的学生、教师，可在实验室实施网络安全和防范技术；强化职业学校的学生锻炼安全技能，增强安全防范技术。

图书在版编目（CIP）数据

计算机网络安全技术 / 汪双顶，杨剑涛，余波主编. —北京：电子工业出版社，2015.3
职业教育教学用书

ISBN 978-7-121-20867-6

Ⅰ. ①计… Ⅱ. ①汪… ②杨… ③余… Ⅲ. ①计算机网络—安全技术—高等学校—教材 Ⅳ. ①TP393.08

中国版本图书馆 CIP 数据核字（2013）第 145184 号

策划编辑：施玉新
责任编辑：郝黎明
印　　刷：涿州市京南印刷厂
装　　订：涿州市京南印刷厂
出版发行：电子工业出版社
　　　　　北京市海淀区万寿路 173 信箱　邮编　100036
开　　本：787×1092　1/16　印张：9　字数：230.4 千字
版　　次：2015 年 3 月第 1 版
印　　次：2024 年 8 月第 16 次印刷
定　　价：26.00 元

凡所购买电子工业出版社图书有缺损问题，请向购买书店调换。若书店售缺，请与本社发行部联系，联系及邮购电话：(010) 88254888，88258888。

质量投诉请发邮件至zlts@phei.com.cn，盗版侵权举报请发邮件至dbqq@phei.com.cn。

本书咨询联系方式：（010）88254598，syx@phei.com.cn。

前　　言

随着网络新技术的不断发展，社会经济建设与发展越来越依赖于计算机网络，与此同时，网络安全对国民经济的威胁、甚至对地区和国家的威胁也日益严重。计算机网络给人们带来便利的同时，也带来了保证信息安全的巨大挑战。如何使人们在日常生活和工作过程中，信息不受病毒的感染，保持数据的完整、安全；计算机不被黑客侵入，保障网络的安全；如何保证计算机网络不间断地工作，并提供正常的服务……这些都是各个组织信息化建设必须考虑的重要问题。因此，加快培养网络安全方面的应用型人才，广泛普及网络安全知识和掌握网络安全技术突显重要和迫在眉睫。

1．关于本教材开发思想

本书是在广泛调研和充分论证的基础上，结合当前应用最为广泛的操作平台和网络安全规范，并通过研究实践而形成的适合职业教育改革和发展特点的教程。与国内已出版的同类书籍相比，本书更注重以能力为中心，以培养应用型和技能型人才为根本。通过认识、实践、总结和提高这样一个认知过程，精心组织学习内容，图文并茂，深入浅出，全面适应社会发展需要，符合职业教育教学改革规律及发展趋势，具有独创性、层次性、先进性和实用性。

2．关于本教材内容

全书以生活中各种网络安全需求和实际网络安全事件为主线，以生活和工作中遇到的网络安全问题的解决能力为目标，加强网络安全技术，强化网络安全工作技能锻炼，满足职业学校学生网络安全实践技能的教学需要。

区别于传统的网络安全技术的教材，本课程针对职业学校的学生学习习惯和学习要求，本着"理论知识以够用为度，重在实践应用"的原则，以"理论+工具+分析+实施"为主要形式编写，依托终端设备安全、用户账户安全、攻击和防御等网络安全的技术，分别从网络安全技术在日常生活中实施的角度，针对日常使用网络过程不同层面，对计算机网络安全的相关理论与方法进行了详细介绍。主要内容包括：使用 360 软件保护客户端安全、保护 Windows 主机安全访问，保护 Windows 文件系统安全，保护网络设备控制台安全，保护交换机端口安全，实施虚拟局域网安全，实施网络广播风暴控制安全，实施访问控制列表安全，实施防火墙安全以及网络故障排除技术。

全书旨在加深学生对未来工作中遇到网络安全事件和面对网络安全故障时，增强经验的积累，培养学生对网络安全的兴趣，帮助学生在学校期间就建立全面的网络安全观，培养使用网络的安全习惯，加深对所涉及的网络安全技术、理论的理解，提高学生网络安全事件处理的动手能力、分析网络安全问题和解决网络安全问题的能力。

3．关于课程资源、课程环境

本书作为计算机网络及其相关专业的核心课程，纳入课程的教学体系中。全书在使用的过程中，根据各所学校教学计划安排要求，以 96 学时左右（6 节×16 周）作为建议教学比重和学时。

所有网络安全实训操作，都以日常生活中网络安全应用需求为主线，串接网络安全技术和网络安全知识；以解决网络安全过程作为核心，帮助学生加强对抽象计算机网络安全理论的理解。

为顺利实施本教程，每个课程学习者除需要对网络技术有学习的热情之外，还需要具备基本的计算机、网络基础知识。这些基础知识为学习者提供一个良好的脚手架，帮助理解本书中网络安全技术的原理，为网络安全技术的进阶提供良好帮助。

为有效保证本课程有效实施，课程教学资源长期提供，研发队伍为本课程专门建设一个百度云空间，集中存放本书涉及课件、网络安全工具、小程序等资源，访问百度云地址为：http://pan.baidu.com/s/1jGzGTM2（区分大小写）。

此外，为更好地实施课程中部分单元内容，还需要为本课程提供一个可实施交换、路由技术的网络安全环境，包括二层交换机设备、三层交换机设备、模块化路由器设备、防火墙设备、测试计算机和若干双绞线（或制作工具）。

4．关于教材开发队伍

本书第一作者汪双顶先生，为北京师范大学信息科学学院硕士。汪双顶先生先后有在院校、网络公司，以及产品生产厂商等不同环境的工作经历，这为本书把网络安全项目和课堂中网络安全知识，以及工作中岗位技能有机融合在一起，提供了良好的根基，有效地保证了本书所倡导的"基于工作过程"的计算机网络专业课程教学思想的实施。

此外，在本书的编写过程中，汪双顶、杨剑涛、余波担任主编，龚正江、杨霞、康世瑜、郑娟担任副主编，冯理明、黄剑文、王志平、沈海亮、姚正刚、熊玉金等参与编写，以及来自企业的技术工程师、产品经理等给予大力支持。他们积累了多年来自教学和工程一线的工作经验，都为本书的真实性、专业性以及方便在学校教学、实施给予了有力的支持。本书规划、编辑过程历经近两年多的时间，前后经过多轮的修订，其改革力度较大，远远超过前期策划者原先的估计，加之课程组文字水平有限，错漏之处敬请广大读者指正。

编　者

目　　录

项目一　计算机网络安全概述

核心技术

◆ 解决安全隐患的方案

任务目标

◆ 了解网络安全威胁
◆ 熟悉网络安全隐患
◆ 掌握网络安全需求

随着科技的不断发展,网络已走进千家万户,到目前为止,互联网已经覆盖了175个国家和地区的数千万台计算机,用户数量超过一亿。网络给人们带来前所未有的便捷,人们利用网络可以开展工作,基于互联网的娱乐,购物,互联网的应用也变得越来越广泛。

今天人们对网络的需求,已经不再是单一的联网需求,而更希望在实现互联互通的网络的基础上实现多业务的融合,如语音、视频等。互联网以其开放性和包容性,融合了传统行业的所有服务。但网络的开放性和自由性,也产生了私有信息和保密数据被破坏或侵犯的可能性,这样就对网络提出了更高的要求,安全问题从而显现出来。

针对重要信息资源和网络基础设施的入侵行为和企图入侵行为的数量仍在持续不断增加,网络攻击与入侵行为对国家安全、经济和社会生活造成了极大的威胁。计算机病毒不断地通过网络产生和传播,计算机网络被不断地非法入侵,重要情报、资料被窃取,甚至造成网络系统的瘫痪等,诸如此类的事件已给政府及企业造成了巨大的损失,甚至危害到国家的安全。网络安全已成为世界各国当今共同关注的焦点,由此可见,网络安全的重要性不言而喻。

1.1 网络安全的概念

网络安全可以用一个通俗易懂的例子来说明,问问自己为何要给家里的门上锁?那是因为不愿意有人随意到家里偷东西。网络安全就是为了阻止未授权者的入侵、偷窃或对资产的破坏,这里的"资产"在网络中指数据,保护网络中数据的安全是实施网络安全最为重要的安全措施之一,从本质上来讲,网络安全就是保护网络上的信息安全,如图1-1所示。

图1-1 网络安全

针对网络安全的定义,业界给出的普遍答案是:网络安全是一门涉及计算机科学、网络技术、通信技术、密码技术、信息安全技术、应用数学、数论、信息论等多种学科的综合性学科。通过实施网络安全技术,保护网络系统的硬件、软件及其系统中的数据不受偶然或者恶意的原因而遭到破坏、更改、泄露,保证系统连续可靠、正常地运行,保障网络服务不中断。网络安全是对安全设施、策略和处理方法的实现,用以阻止对网络资源的未授权访问、更改或者是对资源、数据的破坏。

广义来说,凡是涉及网络上信息的保密性、完整性、真实性和可控性的相关技术和理论,都是网络安全研究的领域。除此之外,网络安全还是围绕安全策略进行完善的一个持续不断的过程,通过实施保护、监视、测试和提高过程,不断循环过程,如图1-2所示。

(1)保护:具体实施网络设备的部署与配置,如防火墙、IDS等设备的配置。

(2)监视:在网络设备部署与配置之后,最重要的工作是监控网络设备的运行情况。

（3）测试：整体网络环境，包括设备的测试，测试网络设备部署和配置的效果。

（4）提高：检测到网络中有哪些问题，及时调整，使其在网络环境中发挥更好的性能。

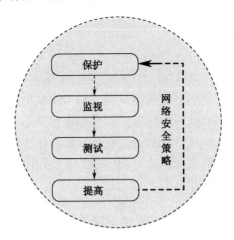

图 1-2　网络安全是一个持续不断的过程

1.2　网络安全现状

据美国联邦调查局统计，美国每年因网络安全造成的损失高达 75 亿美元。据美国金融时报报道，世界上平均每 20 分钟就发生一起入侵互联网的计算机网络安全事件发生，遍布世界的 1/3 的防火墙都被黑客攻破过。

近年来，计算机犯罪案件也急剧上升，计算机犯罪已经成为普遍的国际性问题。据美国联邦调查局的报告显示，计算机犯罪是商业犯罪中最大的犯罪类型之一，每笔犯罪的平均金额为 45000 美元，每年计算机犯罪造成的经济损失高达 50 亿美元。

常见的计算机网络安全主要面临了哪些问题？如图 1-3 所示的图形，分别从时间的发展维度，由低到高列举了常见的计算机网络安全时间，分别是口令猜测、自我复制代码、口令破解、后门、关闭审计、会话劫持、清除痕迹、嗅探器等。

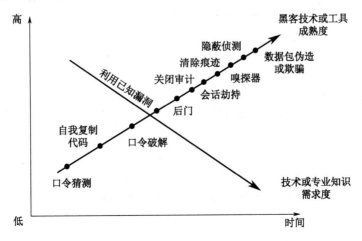

图 1-3　网络安全面临的问题

网络安全的已经越来越发展成为社会关注的焦点问题：如何保护账户的安全？如何保护网银的安全？如何保护网络免受攻击？如何防范等安全事件，这些都是摆在网络工程师面前的一个难题。

1.3 网络安全威胁

早期的网络安全大多是局限于各种病毒的防护。随着计算机网络的发展，除了病毒，人们更多的是防护木马入侵、漏洞扫描、DDoS 等新型攻击手段层出不穷。威胁网络安全的因素是多方面，目前还没有一个统一的方法，对所有的网络安全行为进行区分和有效的防护。

针对网络安全威胁，常见的产生网络攻击的事件主要分为以下几类。

1．中断威胁

中断威胁破坏安全事件，主要是网络攻击者阻断发送端到接收端之间的通路，使数据无法从发送端发往接收端，工作流程如图 1-4 和图 1-5 所示。

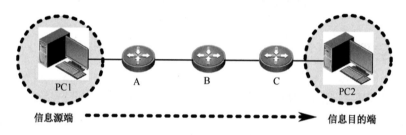

图 1-4 正常的信息流

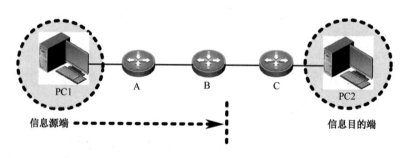

图 1-5 中断威胁

造成中断威胁的原因主要有以下几个方面。

（1）攻击者攻击破坏信息源端与信息目的端之间的连通性，造成网络链路中断。

（2）信息目的端无法处理来自信息源端的数据，造成服务无法响应。

（3）系统崩溃：物理上破坏网络系统或者设备组件，如破坏磁盘系统，造成整个磁盘的损坏及文件系统的瘫痪等。

在目前网络当中，最典型的中断威胁是拒绝服务攻击（DoS）。

2．截获威胁

截获威胁是指非授权者通过网络攻击手段侵入系统，使信息在传输过程中丢失或者泄露的一种威胁，称为截获威胁，截获威胁破坏了数据保密性原则，如图 1-6 所示。

常见的使用截获威胁的原理，产生攻击的包括利用电磁泄漏或者窃听等方式，截获保密信息；通过对数据的各种分析，得到有用的信息，如用户口令、账号信息。

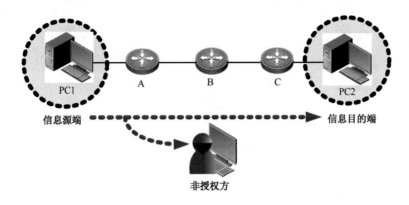

图 1-6　截获威胁

3．篡改威胁

所谓篡改威胁，是指以非法手段获得信息的管理权，通过以未授权的方式，对目标计算机进行数据的创建、修改、删除和重放等操作，使数据的完整性遭到破坏，篡改威胁工作原理如图 1-7 所示。

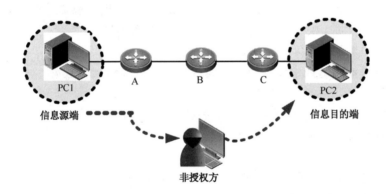

图 1-7　篡改威胁

篡改威胁攻击的手段主要包括以下两个方面。
（1）改变数据文件，如修改信件内容。
（2）改变数据的程序代码，使程序不能正确的执行。

4．伪造威胁

伪造威胁是指一个非授权者将伪造的数据信息插入数据中，破坏数据的真实性与完整性，从而盗取目的端信息的行为，伪造威胁如图 1-8 所示。为了避免数据被非授权者篡改，业界开发了一种解决方案：数字签名。

所谓数字签名，就是附加在数据单元上的一些数据或对数据单元所做的密码变换。这种数据或变换允许数据单元的接收者，用以确认数据单元的来源和数据单元的完整性，并保护数据，防止进行数据伪造。

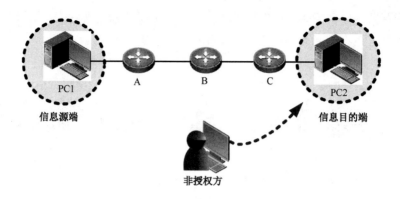

图 1-8 伪造威胁

1.4 网络安全隐患的范围

网络安全的隐患是指计算机或其他通信设备利用网络进行交互时可能会受到的窃听、攻击或破坏，它是指具有侵犯系统安全或危害系统资源的潜在的环境、条件或事件。计算机网络和分布式系统很容易受到来自非法入侵者和合法用户的威胁。

网络安全隐患包括的范围比较广，如自然火灾、意外事故、人为行为（如使用不当、安全意识差等）、黑客行为、内部泄密、外部泄密、信息丢失、电子监听（信息流量分析、信息窃取等）和信息战等。所以，对网络安全隐患的分类方法也比较多，如根据威胁对象可分为对网络数据的威胁和对网络设备的威胁；根据来源可分为内部威胁和外部威胁。

网络安全隐患的来源一般可分为以下几类。

（1）非人为或自然力造成的硬件故障、电源故障、软件错误、火灾、水灾、风暴和工业事故等。

（2）人为但属于操作人员无意的失误造成的数据丢失或损坏。

（3）来自企业网络外部和内部人员的恶意攻击和破坏。

其中安全隐患最大的是第三类。

网络安全外部威胁主要来自一些有意或无意的对网络的非法访问，并造成了网络有形或无形的损失，其中的黑客就是最典型的代表。

还有一种网络威胁来自企业的网络系统内部，这类人熟悉网络的结构和系统的操作步骤，并拥有合法的操作权限。中国首例"黑客"操纵股价案例便是网络安全隐患中策略失误和内部威胁的典型实例。

1.5 网络安全隐患的原因

影响计算机网络安全的因素很多，有些是人为蓄意的，有些是无意造成的。归纳一下，产生网络安全的原因主要有以下几个方面。

（1）网络设计问题。

由于网络设计的问题导致网络流量据增，造成终端执行各种服务缓慢。典型的案例是由于公司内二层设备设计导致广播风暴的问题。

（2）网络设备问题。

在构建互联网络中，每台设备都有其特有的功能。例如，路由器和防火墙在某些功能上起到的作用一样，如访问控制列表技术（Access Control List，ACL）。但路由器通过 ACL 来实现对网络的访问控制，安全效果及性能不如防火墙；对于一个安全性需求很高的网络来说，采用路由器 ACL 来过滤流量，性能上得不到保证，更重要的是网络黑客利用各种手段来攻击路由器，使路由器瘫痪，不但起不到过滤 IP 的功能，更影响了网络的互通。

（3）人为无意失误。

此类失误多体现在管理员安全配置不当，终端用户安全意识不强，用户口令过于简单等因素带来的安全隐患。

（4）人为恶意攻击。

人为恶意攻击是网络安全最大的威胁。此类攻击指攻击者通过黑客工具，对目标网络进行扫描、侵入、破坏的一种举动，恶意攻击对网络性能，数据的保密性、完整性均都受到影响，并导致机密数据的泄露，给企业造成损失。

（5）软件漏洞。

由于软件程序开发的复杂性和编程的多样性，应用在网络系统中的软件，都有意无意会留下一些安全漏洞，黑客利用这些漏洞的缺陷，侵入网络中计算机，危害被攻击者的网络及数据。如 Microsoft 公司每月都在对 Windows 系列操作系统进行补丁的更新、升级，目的是修补其漏洞，避免黑客利用漏洞进行攻击。

（6）病毒威胁。

计算机病毒是一种小程序，能够自我复制，会将病毒代码依附在程序上，通过执行，伺机传播病毒程序，会进行各种破坏活动，影响计算机的使用。

1.6　网络安全需求

目前企事业单位内部网络可能所受到的攻击包括黑客入侵，内部信息泄露，不良信息的进入内网等方式。计算机网络安全的需求，大体上可分为保密性、完整性、可控行、不可否认性、可存活性、真实性、实用性、占有性。

（1）机密性（Confidentiality）。

对数据进行加密，防止非授权者接触秘密信息，破译信息。一般采用对信息的加密、对信息划分等级、分配访问数据的权限等方式，实现数据的保密性。

（2）完整性（Integrity）。

完整性是指数据在传输过程中不被篡改或者即使被篡改，接收端能通过数字签名的方式发现数据的变化，从而避免接收到错误或者是有危害的信息。

（3）可用性（Availability）。

可用性是指对信息可被合法的用户访问。可用性与保密性不但有一定的关联，还存在着矛盾性，这就是人们常说的平衡业务需求与安全性需求规则。

（4）可控性（Controllability）。

可控性是指对信息的内容及传播具有控制能力与控制权限。

（5）不可否认性（Non-repudiation）。

不可否认性是指发送数据者无法否认其发出的数据与信息，接收数据者无法否认已经接收的信息。不可否认性的举措主要是通过数字签名、第三方认证等技术实现。

（6）可存活性（Survivability）。

可存活性是指计算机系统在面对各种攻击或者错误情况下，继续提供核心任务的能力。

（7）真实性（Authenticity）。

数据信息的真实性是指信息的可信程度，主要是指信息的完整性、准确性和发送者与接受者身份的确认。

（8）实用性（Utility）。

信息的实用性是指数据加密用的密钥，不可被攻击者盗用或者泄密，否则就失去了信息的实用性。

（9）占有性（Possession）。

占有性是指磁盘、存储介质等信息载体被盗用，从而导致对信息占有的丧失。

1.7 常见解决安全隐患的方案

计算机网络最早出现在军事网，在它诞生之后的几十年间，主要用于在各科研机构的研究人员之间传送电子邮件，以及共同合作的职员间共享打印机。早期的计算机网络应用得非常简单，在当时的环境下，网络的安全性未能引起人们足够的关注。

随着信息技术的迅猛发展，特别是进入 21 世纪，网络正在以惊人的速度改变着人们的工作效率和生活方式，从各类机构到个人用户都将越来越多地通过各种网络处理工作、学习、生活方方面面的事情，网络也将以它快速、便利的特点给社会、个人带来了前所未有的高效速度，所有这一切正是得益于互联网络的开放性和匿名性的特征。

在此背景下发展起来的园区网络，由于其开放性和匿名性的特征，不可避免地存在着各种各样的安全隐患，若不解决这一系列的安全隐患，势必对园区网络的应用和发展，以及网络用户的利益造成很大的影响。为了防止来自各方面的园区网络安全威胁的发生，除进行宣传教育外，最主要的就是制定一个严格的安全策略，这也是网络安全中的核心和关键。

但是由于我国的信息安全技术起步晚，整体基础薄弱，特别是信息安全的基础设施和基础部件几乎全部依赖国外技术。所以，我国的网络安全产品，总的来说是自主开发少，软硬件技术受制于人。

近几年来，我国的信息技术得到了迅猛的发展，国家性的一些关键部门，如银行和电信等，很多都采用了国外的信息产品，特别是操作系统、数据库和骨干网络设备。这些部门要么采用国外的安全产品，要么就根本不采用任何安全措施，这些都给国家安全和人们的日常生活留下了严重的安全隐患。

可喜的是，近一两年来，我国网络信息安全领域也得到了迅猛的发展，除了专注于安全产品研发的公司外，国产化的网络设备供应商也越来越重视新产品安全功能的应用。锐捷网络公司也紧跟应用趋势，在新产品系列中都注重了网络安全的应用，可以通过交换机端口安全、配置访问控制列表 ACL、在防火墙实现包过滤等技术来实现一套可行的园区网安全解决方案。

1.8 常见网络包分析工具软件介绍

1. 网络包分析工具软件的概念

当信息以明文的形式在网络上传输时，便可以使用网络监听的方式来进行攻击。将网络接口设置在监听模式，便可以将网上传输的、源源不断的信息截获。网络包分析工具软件的主要作用是尝试捕获网络包，并尝试显示包的尽可能详细的情况。可以认为网络包分析工具软件是一个用户检查网络数据报文的设备，就像用电压表测量电路电压。

该项技术被广泛地应用于网络故障诊断、协议分析、应用性能分析和网络安全保障等各个领域。

2. Sniffer 网络包分析工具软件介绍

Sniffer，中文可以翻译为嗅探器，是一种基于被动监听原理的网络分析方式。使用这种技术方式，可以监视网络的状态、数据流动情况以及网络上传输的信息，如图 1-9 所示。

Sniffer 网络包分析工具软件是一个网络故障、性能和安全管理的有力工具，它能够自动地帮助网络专业人员维护网络，查找故障，极大地简化了发现和解决网络问题的过程，广泛适用于Ethernet、Fast Ethernet、Token Ring、Switched LANs、FDDI、X.25、DDN、Frame Relay、ISDN、ATM 和 Gigabits 等网络。

图 1-9　Sniffer 网络包分析工具软件

3. Ethereal 网络包分析工具软件介绍

网络包分析工具软件 Ethereal 是一款开源网络数据包分析软件。数据包分析软件会抓取网络中的数据包，并试图逐条详细地显示数据包数据。用户通过 Ethereal，同时将网卡插入混合模式，可以查看到网络中发送的所有通信流量。

Ethereal 是一款抓包软件，比较易用，在平常可以利用它抓包，分析协议或者监控网络，是一个比较好的工具，应用于故障修复、分析、软件和协议开发以及教育领域，如图 1-10 所示。

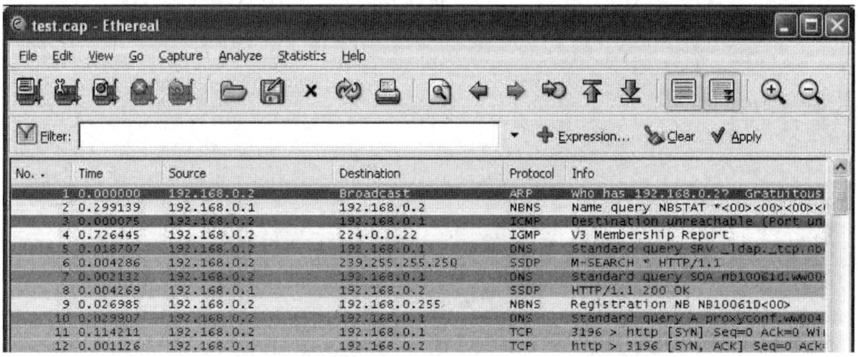

图 1-10　Ethereal 网络包分析工具软件

4．Wireshark 软件介绍

Wireshark 是目前世界上最受欢迎的协议分析软件，应用于网络的日常安全监测、网络性能参数测试、网络恶意代码的捕获分析、网络用户的行为监测、黑客活动的追踪等。利用它可将捕获到的各种各样协议的网络二进制数据流，翻译为人们容易读懂和理解的文字和图表等形式，极大地方便了对网络活动的监测分析和教学实验。它有十分丰富和强大的统计分析功能，可在 Windows、Linux 和 UNIX 等系统上运行。

Wireshark 软件于 1998 年由美国 Gerald Combs 首创研发，原名 Ethereal，至今世界各国已有 100 多位网络专家和软件人员，共同参与此软件的升级完善和维护。它的名称于 2006 年 5 月由原 Ethereal 改为 Wireshark，是一个开源代码的免费软件，任何人都可自由下载，也可参与共同开发，如图 1-11 所示。

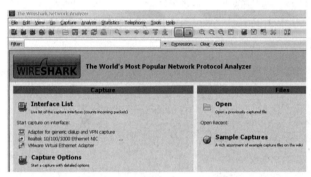

图 1-11　Wireshark 网络包分析工具软件

1.9　安全项目实施方案

网络包分析工具软件 Wireshark 应用。

 **任务描述**

张明从学校毕业，分配至顶新公司网络中心，承担公司网络管理员工作，维护和管理公司中所有的网络设备。顶新公司是一家消费品销售公司，公司的网络范围大概有 500 个结点。刚上班的第一周，张明就发现公司的网络运营有异常现象发生，办公网络中文件发生和传输缓慢，张明决定使用网络包分析工具软件 Wireshark，从网络上抓几个异常包进行分析，了解异常数据流产生的原因。

 **网络拓扑**

SW-1

图 1-12　办公网络连接拓扑

张明监控办公网络异常数据流连接拓扑，如图 1-12 所示。

【实训目标】

应用网络包分析工具软件 Wireshark。

【设备清单】

计算机、Wireshark 软件安装包。

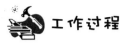

工作过程

步骤 1：从 Wireshark 的官方网站下载安装包

从 Wireshark 的官方网站下载软件工具包。

在本地机器上安装 Wireshark 软件包，Wireshark 软件包通过启用向导的方式，直接引导用户安装，各个选项都采用默认的"我接受"、"下一步"的方式直接安装。

步骤 2：启动 Wireshark 软件

安装完成下载软件工具包后，在桌面上快捷图标即可启动 Wireshark 软件，Wireshark 软件窗口如图 1-13 所示。

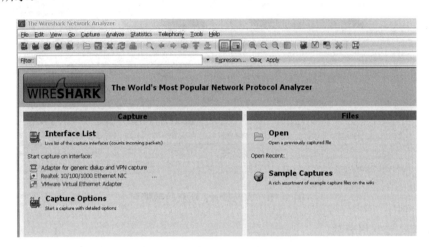

图 1-13　Wireshark 软件窗口

Wireshark 主窗口由如下部分组成。

（1）菜单：包括全部的操作命令。

（2）主工具栏：提供菜单中经常用到菜单的快速访问功能。

（3）Filter toolbar（过滤工具栏）：提供当前显示数据包信息的过滤的方法。

（4）Packet List 面板：显示打开文件的每个包的摘要。单击面板中的单独条目，包的其他情况将会显示在另外两个面板中。

（5）Packet detail 面板：显示在 Packet list 面板中选择的包的更多详情。

（6）Packet bytes 面板：显示在 Packet list 面板选择的包的数据，以及在 Packet details 面板高亮显示的字段。

（7）状态栏：显示当前程序状态以及捕捉数据的更多详情。

步骤 3：启动数据包捕获按钮

单击 Wireshark 窗口上主菜单中的"Capture"，选择其中的"Capture"选项，启动监控网络接口；或者在 Wireshark 窗口主工具栏中单击　按钮后，会出现如图 1-14 所示的 Wireshark 软件监控的网络接口。

这里是本机连接网卡的显示，选择相应的网卡，单击"Start"按钮就可开始抓包。

步骤 4：启动数据包捕获按钮

Wireshark 软件采用边捕获、边显示的方式捕获监控网络数据包，如图 1-15 所示的就是数据包捕获的主界面。单击工具栏上的"停止"按钮即可停止当前网卡上数据包的捕获。

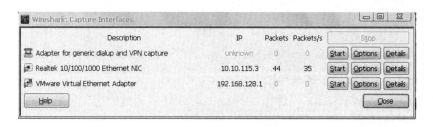

图 1-14　Wireshark 监控网络的接口

No.	Time	Source	Destination	Protocol	Info
123	7.921999	219.221.206.235	10.10.115.3	UDP	Source port: nx
124	7.922949	10.10.115.3	211.83.152.49	UDP	Source port: nx
125	8.011604	123.113.108.178	10.10.115.3	UDP	Source port: nx
126	8.406951	Hangzhou_27:33:c3	Broadcast	ARP	who has 10.10.11
127	8.408285	Hangzhou_27:33:c3	Broadcast	ARP	who has 10.10.11
128	8.409698	Hangzhou_27:33:c3	Broadcast	ARP	who has 10.10.11
129	8.422027	Hangzhou_27:33:c3	Broadcast	ARP	who has 10.10.11
130	8.423371	Hangzhou_27:33:c3	Broadcast	ARP	who has 10.10.11
131	8.424714	Hangzhou_27:33:c3	Broadcast	ARP	who has 10.10.11
132	8.432941	Hangzhou_27:33:c3	Broadcast	ARP	who has 10.10.11
133	8.434280	Hangzhou_27:33:c3	Broadcast	ARP	who has 10.10.11
134	8.435686	Hangzhou_27:33:c3	Broadcast	ARP	who has 10.10.11
135	8.437968	Hangzhou_27:33:c3	Broadcast	ARP	who has 10.10.11
136	8.439378	Hangzhou_27:33:c3	Broadcast	ARP	who has 10.10.11
137	8.463546	10.10.115.13	255.255.255.255	UDP	Source port: 100
138	8.505134	10.10.115.3	219.133.62.9	UDP	Source port: ter
139	8.749043	10.10.151.132	10.10.115.16	UDP	Source port: bex
140	8.973441	10.10.115.3	222.26.212.64	UDP	Source port: nx

▷ Frame 123 (248 bytes on wire, 248 bytes captured)
▷ Ethernet II, Src: Hangzhou_27:33:c3 (00:0f:e2:27:33:c3), Dst: Internet_a8:21:1a (00:e0:4d:a8:21:1a)
▷ Internet Protocol, Src: 219.221.206.235 (219.221.206.235), Dst: 10.10.115.3 (10.10.115.3)
▷ User Datagram Protocol, Src Port: nxlmd (28000), Dst Port: nxlmd (28000)
▷ Data (206 bytes)

图 1-15　Wireshark 捕获的数据包

步骤 5：捕获数据包分析

如图 1-15 显示的是 Wireshark 软件捕获的封包列表信息，显示当前网络接口上所有已经捕获的封包。在这里可以看到捕获的数据包的三层基本信息，包括数据包的序号、传输时间、发送或接收方的 IP 地址，TCP/UDP 端口号，协议或者封包的内容。

单击其中一个数据包封包信息，在 Wireshark 软件下面的"详细信息"显示栏中，显示该数据包的二层数据的详细信息，三层数据包的详细信息，如图 1-16 所示。

这里显示的是在封包列表中被选中项目的详细信息。信息按照不同的 OSI Layer 进行了分组，可以展开每个项目查看。

▷ Frame 123 (248 bytes on wire, 248 bytes captured)
▲ Ethernet II, Src: Hangzhou_27:33:c3 (00:0f:e2:27:33:c3), Dst: Internet_a8:21:1a (00:e0:4d:a8:21:1a)
　▷ Destination: Internet_a8:21:1a (00:e0:4d:a8:21:1a)
　▷ Source: Hangzhou_27:33:c3 (00:0f:e2:27:33:c3)
　　Type: IP (0x0800)
▲ Internet Protocol, Src: 219.221.206.235 (219.221.206.235), Dst: 10.10.115.3 (10.10.115.3)
　　Version: 4
　　Header length: 20 bytes
　▷ Differentiated Services Field: 0x00 (DSCP 0x00: Default; ECN: 0x00)
　　Total Length: 234
　　Identification: 0xe930 (59696)
　▷ Flags: 0x00
　　Fragment offset: 0
　　Time to live: 109
　　Protocol: UDP (0x11)
　▷ Header checksum: 0x3bfc [correct]

图 1-16　Wireshark 捕获的数据包详细信息

图 1-17 显示是 Wireshark 捕获的数据包详细信息对应的十六进制数据的"解析器"。

"解析器"在 Wireshark 中也被称为"十六进制数据查看面板"。这里显示的内容与"封包详细信息"中相同，只是改为以十六进制的格式表述。

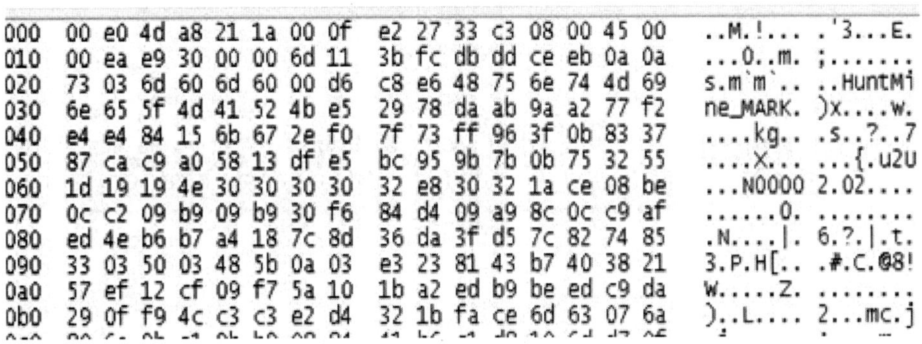

```
000   00 e0 4d a8 21 1a 00 0f  e2 27 33 c3 08 00 45 00    ..M.!... .'3...E.
010   00 ea e9 30 00 00 6d 11  3b fc db dd ce eb 0a 0a    ...0..m. ;.......
020   73 03 6d 60 6d 60 00 d6  c8 e6 48 75 6e 74 4d 69    s.m`m`.. ..HuntMi
030   6e 65 5f 4d 41 52 4b e5  29 78 da ab 9a a2 77 f2    ne_MARK. )x....w.
040   e4 e4 84 15 6b 67 2e f0  7f 73 ff 96 3f 0b 83 37    ....kg.. .s..?..7
050   87 ca c9 a0 58 13 df e5  bc 95 9b 7b 0b 75 32 55    ...X... .{.u2U
060   1d 19 19 4e 30 30 30 30  32 e8 30 32 1a ce 08 be    ...N0000 2.02....
070   0c c2 09 b9 09 b9 30 f6  84 d4 09 a9 8c 0c c9 af    ......0. ........
080   ed 4e b6 b7 a4 18 7c 8d  36 da 3f d5 7c 82 74 85    .N....|. 6.?.|.t.
090   33 03 50 03 48 5b 0a 03  e3 23 81 43 b7 40 38 21    3.P.H[.. .#.C.@8!
0a0   57 ef 12 cf 09 f7 5a 10  1b a2 ed b9 be ed c9 da    W.....Z. ........
0b0   29 0f f9 4c c3 c3 e2 d4  32 1b fa ce 6d 63 07 6a    )..L.... 2...mc.j
```

图 1-17　Wireshark 捕获数据包"解析器"

项目二　排除常见网络故障

核心技术

◆ Windows 系统网络管理命令

学习目标

◆ 使用 ping 命令测试网络连通
◆ 使用 netstat 命令统计网络信息
◆ 使用 ipconfig 命令查询网络地址
◆ 使用 arp 命令查询网络地址缓存
◆ 使用 tracert 命令查询网络路由信息
◆ 使用 router 命令查询本机网络路由表

2.1　ping 基础知识

ping 命令是 Windows 系统下自带的一个可执行命令，也网络管理员使用频率最高的命令。网络管理员利用它，不仅可以检查网络是否连通，还能帮助网络管理员分析判定网络故障。

1. 什么是 ping

ping 也是一个典型的网络故障排除工具，内嵌在 Windows 系统中可执行的命令，用来检查网络是否通畅。作为一名网络管理员来说，ping 命令也是第一个必须掌握的 DOS 命令。

ping 命令的工作原理是：利用网络上计算机 IP 地址唯一性，给目标计算机 IP 地址发送一个数据包，再要求对方返回一个同样大小的数据包，确定两台网络机器是否连接相通？时延是多少？

对于每个发送的数据报文，ping 最多等待 1 秒，并统计发送和接收到的报文数量，比较每个接收报文和发送报文，以校验其有效性。在默认情况下，发送四个回应报文，每个报文包含 64 字节的数据，这些网络功能的状态是日常网络故障诊断的基础，如图 2-1 所示。

```
C:\Users\Administrator>ping 10.238.2.254

正在 Ping 10.238.2.254 具有 32 字节的数据:
来自 10.238.2.254 的回复: 字节=32 时间=1ms TTL=255
来自 10.238.2.254 的回复: 字节=32 时间=24ms TTL=255
来自 10.238.2.254 的回复: 字节=32 时间=3ms TTL=255
来自 10.238.2.254 的回复: 字节=32 时间=1ms TTL=255

10.238.2.254 的 Ping 统计信息:
    数据包: 已发送 = 4, 已接收 = 4, 丢失 = 0 (0% 丢失),
往返行程的估计时间(以毫秒为单位):
    最短 = 1ms, 最长 = 24ms, 平均 = 7ms
```

图 2-1　使用 ping 检查网络连通

2. ping 使用方法

打开计算机的 Windows 操作系统，在"开始"菜单中，找到"RUN（运行）"窗口，输入"CMD"命令，打开 DOS 窗口。

ping 命令的应用格式是：

```
ping  IP 地址
```

例如，ping　192.168.1.1。

该命令还可以添加很多参数：输入 ping 命令后，按 Enter 键，即可看到详细说明。

ping 命令在使用过程中，可以附加相关的参数，主要有：

```
-t（校验与指定计算机连接，直到用户中断。若要中断可按 Ctrl+C 组合键）
-a（将地址解析为计算机名。）
```

3. ping 测试结果说明

ping 命令有两种返回结果，相应结果说明如下。

（1）"Request timed out."，表示没有收到目标主机返回响应数据包，也就是网络不通或网络状态恶劣。

（2）"Reply from X.X.X.X: bytes=32 time<1ms TTL=255"，表示收到从目标主机 X.X.X.X 返回

响应数据包，数据包大小为 32B，响应时间小于 1ms ，TTL 为 255，这个结果表示计算机到目标主机之间连接正常。

（3）"Destination host unreachable"，表示目标主机无法到达。

（4）"PING: transmit failed,error code XXXXX"，表示传输失败，错误代码 XXXXX。

4．使用 ping 判断 TCP/IP 故障

（1）ping 目标 IP。

可以使用 ping 命令，测试计算机名和 IP 地址。如果能够成功校验 IP 地址，却不能成功校验计算机名，则说明名称解析存在问题。

（2）ping 127.0.0.1。

127.0.0.1 是本地循环地址，如果无法 ping 通，则表明本地机 TCP/IP 协议不能正常工作。

（3）ping 本机的 IP 地址。

用 ipconfig 查看本机 IP，然后 ping 该 IP，通则表明网络适配器（网卡）工作正常，不通则是网络适配器出现故障。

如下所示，使用 ping 命令，显示测试结果详细信息。如果网卡安装、配置没有问题，则应有类似下列显示：

```
C:>Documents and Settings\Administrator>ping 192.168.1.1
Pinging 192.168.1.1  with 32 bytes of data:
Reply from 192.168.1.1 : bytes=32 time<1ms TTL=128
Reply from 192.168.1.1 : bytes=32 time<1ms TTL=128
Reply from 192.168.1.1 : bytes=32 time<1ms TTL=128
Reply from 192.168.1.1 : bytes=32 time<1ms TTL=128
Ping statistics for 192.168.1.1 :
    Packets: Sent = 4, Received = 4, Lost = 0 (0% loss),
Approximate round trip times in milli-seconds:
    Minimum = 0ms, Maximum = 0ms, Average = 0ms
```

如果在 MS-DOS 方式下，执行此命令显示内容为 "Request timed out"，则表明网卡安装或配置有问题。将网线断开，再次执行此命令；如果显示正常，则说明本机使用的 IP 地址可能与另一台正在使用的机器 IP 地址重复。如果仍然不正常，则表明本机网卡安装或配置有问题，需继续检查相关网络配置。

（4）ping 同网段计算机的 IP。

ping 同网段一台计算机的 IP。不通，则表明网络线路出现故障；若网络中还包含路由器，则应先 ping 路由器在本网段端口的 IP，不通，则此段线路有问题；通则再 ping 路由器在目标计算机所在网段端口 IP，不通则是路由出现故障；通则再 ping 目的机 IP 地址。

（5）ping 远程 IP。

这一命令检测本机能否正常访问 Internet。如本地电信运营商 IP 地址为 202.101.224.69。在 MS-DOS 方式下执行命令 "ping 202.101.224.69"，如果屏幕显示：

```
Pinging 202.101.224.69 with 32 bytes of data:
Reply from 202.101.224.69: bytes=32 time=2ms TTL=250
Reply from 202.101.224.69: bytes=32 time=2ms TTL=250
Reply from 202.101.224.69: bytes=32 time=3ms TTL=250
Reply from 202.101.224.69: bytes=32 time=2ms TTL=250
Ping statistics for 202.101.224.69:
```

```
     Packets: Sent = 4, Received = 4, Lost = 0 (0% loss),
Approximate round trip times in milli-seconds:
Minimum = 2ms, Maximum = 3ms, Average = 2ms
```

则表明运行正常，能够正常接入互联网。反之，则表明主机网络连接存在问题。

也可直接使用 ping 命令，ping 网络中主机的域名，如 ping www.sina.com.cn。

正常情况下会出现该网址所指向 IP，这表明本机的 DNS 设置正确，而且 DNS 服务器工作正常。反之，就可能是其中之一出现了故障。

2.2　ipconfig 基础知识

1. ipconfig 是什么

ipconfig 命令也是 Windows 系统下自带网络管理工具，用于显示当前计算机的 TCP/IP 配置信息，了解测试计算机的 IP 地址、子网掩码和默认网关。通过查询到计算机的地址信息，有利于测试和分析网络故障，如图 2-2 所示。

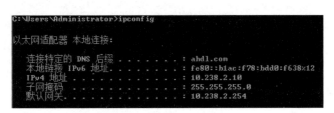

图 2-2　ipconfig 命令使用方法

2. ipconfig 使用方法

使用 ipconfig 命令，有不带参数和带参数两种用法，分别用于显示当前网络应用中的更多信息内容。

打开计算机 Windows 操作系统，在"开始"菜单中，找到"RUN（运行）"窗口，输入"CMD"命令，打开 DOS 窗口。在盘符提示符中输入"ipconfig"或者"ipconfig /all"。

输入完成后，按 Enter 键，即可显示以下相关信息：

```
Windows IP Configuration                          ! Windows IP 配置
Host Name . . . . . . . . . . . . : PCNAME         ! 域中计算机名、主机名
Primary Dns Suffix . . . . . . . :                 ! 主 DNS 后缀
Node Type . . . . . . . . . . . . : Unknown        ! 结点类型
IP Routing Enabled. . . . . . . . : No             ! IP 路由服务是否启用
WINS Proxy Enabled. . . . . . . . : No             ! WINS 代理服务是否启用
Ethernet adapter:                                  ! 本地连接
Connection-specific DNS Suffix :                   ! 连接特定的 DNS 后缀
Description . . . . . . . . . : Realtek RTL8168/8111 PCI-E Gigabi
! 网卡型号描述
Physical Address. . . . . . . . . : 00-1D-7D-71-A8-D6       ! 网卡MAC 地址
DHCP Enabled. . . . . . . . . . : No               ! 动态主机设置协议是否启用
IP Address. . . . . . . . . : 192.168.90.114        ! IP 地址
Subnet Mask . . . . . . . . : 255.255.255.0         ! 子网掩码
```

```
Default Gateway . . . . . . : 192.168.90.254        ! 默认网关
DHCP Server. . . . . . . : 192.168.90.88           ! DHCP 管理者机子 IP
DNS Servers . . . . . . . : 221.5.88.88            ! DNS 服务器地址
```

3. 使用 ipconfig 判断 TCP/IP 故障

（1）ipconfig。

当使用 ipconfig 时，不带任何参数选项，将显示该计算机每个已经配置接口信息：显示 IP 地址、子网掩码和默认网关值。

（2）ipconfig /all。

当使用 ipconfig 时，带参数 all 选项时，则显示 DNS 和 WINS 服务器配置的附加信息（如 IP 地址等），并且显示内置本地网卡中物理地址（MAC）。如果 IP 地址是从 DHCP 服务器租用，ipconfig 将显示 DHCP 服务器 IP 地址和租用地址预计失效的日期。

（3）ipconfig /release 和 ipconfig /renew。

这是两个附加选项，只能在向 DHCP 服务器租用 IP 地址计算机上起作用。

如果输入"ipconfig /release"，那么所有接口租用 IP 地址便重新交付给 DHCP 服务器（归还 IP 地址）。

如果输入"ipconfig /renew"，那么本地计算机便设法与 DHCP 服务器取得联系，并租用一个 IP 地址。请注意，大多数情况下，网卡将被重新赋予和以前所赋予相同的 IP 地址。

2.3 arp 基础知识

1. arp 是什么

arp 是一个重要的 TCP/IP 协议。在局域网中，已经知道 IP 地址的情况下，通过该协议来确定该 IP 地址对应网卡 MAC 物理地址信息。在本地计算机上，使用 arp 命令，可查看本地计算机 arp 高速缓存的内容：局域网中计算机 IP 地址和 MAC 地址映射表。此外，使用 arp 命令，也可以用人工方式，输入静态的网卡物理和 IP 地址映射表。

按照默认设置，arp 高速缓存中的地址信息是动态管理，每发送一个指定数据报，如果高速缓存中不存在该数据包中地址信息时，arp 便会自动添加该包中地址信息。但如果输入数据包后不再进一步使用该数据包，保存在缓存中的"物理/IP 地址对"就会在 2～10 分钟内失效。所以，需要通过 arp 命令查看高速缓存内容时，请最好先 ping 此台计算机。

2. arp 使用方法

打开计算机 Windows 操作系统，在"开始"菜单中找到"RUN（运行）"窗口，输入"CMD"命令，打开 DOS 窗口。在盘符提示符中输入：

```
arp -a
```

显示当前计算机的保存的网卡 MAC 地址和 IP 地址 ARP 映射表，如图 2-3 所示。

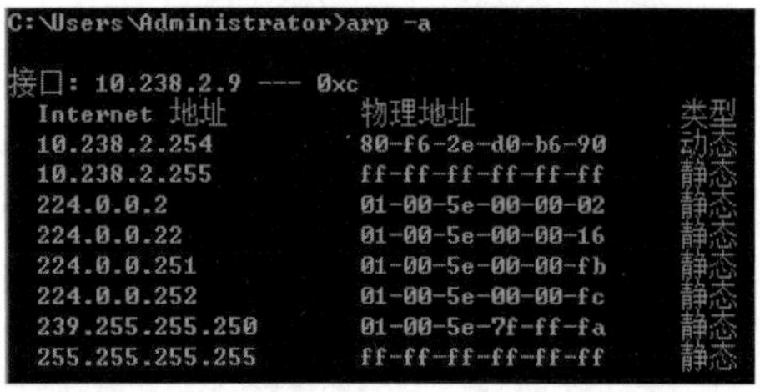

3. 使用 arp 判断 TCP/IP 故障

（1）arp-a

用于查看高速缓存中的所有项目。Windows 系统用

图 2-3 MAC 地址和 IP 地址 arp 映射表

"arp –a"（a 被视为 all，即全部），显示全部 MAC 地址和 IP 地址 arp 映射表信息。

（2）arp-a IP

如果有多块网卡，那么使用"arp-a"，再加上接口的 IP 地址，就可以只显示与该接口相关的 arp 缓存项目。

（3）arp-s IP 物理地址

可以向 arp 高速缓存中人工输入一个静态项目。该项目在计算机引导过程中将保持有效状态，或者在出现错误时，人工配置的物理地址将自动更新该项目。

（4）arp-d IP

使用本命令能够人工删除一个静态项目。在命令提示符下，输入：

```
arp -a
```

如果使用过 ping 命令，测试 IP 地址 10.0.0.99 主机连通，则 arp 缓存显示以下项：

```
Interface:10.0.0.1  on  interface 0x1
Internet Address        Physical Address        Type
10.0.0.99               00-e0-98-00-7c-dc       dynamic
```

该缓存项指出位于 10.0.0.99 的远程主机，解析出对应 00-e0-98-00-7c-dc 的 MAC 地址。

2.4 tracert 基础知识

1. tracert 是什么

Windows 系统中的 tracert 命令，是路由跟踪实用程序，主要用于确定网络中 IP 数据包，在访问目标网络主机时，所经过的路径。tracert 命令用 IP 生存时间（TTL）和 ICMP 错误消息，来确定从一个主机到网络上其他主机的路由。

如果网络连通有问题，可用 tracert 检查到达的目标 IP 地址的路径，并记录经过的路径。通常当网络出现故障时，需要检测网络故障的位置，定位准确方便排除时，可以使用 tracert 命令来确定网络在哪个环节上出了问题，如图 2-4 所示。

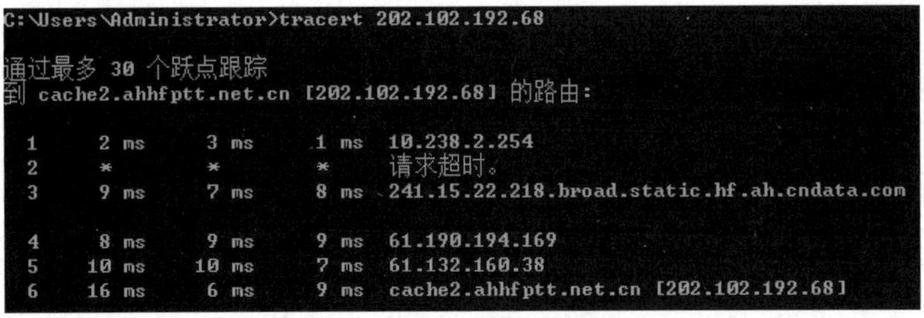

图 2-4 tracert 路由跟踪实用程序

2. tracert 工作原理

使用 tracert 命令向目标网络发送不同 IP 生存时间（TTL）值数据包，tracert 诊断程序确定到目标所采取的路由。要求路径上的每台路由器在转发数据包之前，至少将数据包上的 TTL 递减 1。

一般来说，启动 tracert 程序后，先发送 TTL 为 1 的回应数据包，并在随后的每次发送过程，将 TTL 递增 1，直到目标响应或 TTL 达到最大值，从而确定路由。

当数据包上的 TTL 减为 0 时，路由器应该将"ICMP 已超时"的消息发回源系统。通过检查中间路由器发回"ICMP 已超时"消息，确定网络的路由。

3．tracert 使用方法

tracert 命令程序的使用很简单，只需要在 tracert 后面跟一个 IP 地址即可。来确定从一个主机到网络上其他主机的路由。

打开计算机 Windows 操作系统，在"开始"菜单中，找到"RUN（运行）"窗口，输入"CMD"命令，打开 DOS 窗口，在盘符提示符中输入：

```
tracert ip
```

在下例中，数据包必须通过两个路由器（10.0.0.1 和 192.168.0.1）才能到达主机 172.16.0.99。主机的默认网关是 10.0.0.1，192.168.0.0 网络上路由器 IP 地址是 192.168.0.1。

```
C: >tracert 172.16.0.99 -d
Tracing route to 172.16.0.99 over a maximum of 30 hops
1  2s  3s  2s  10,0.0,1
2  75 ms  83 ms  88 ms  192.168.0.1
3  73 ms  79 ms  93 ms  172.16.0.99
Trace complete.
```

4．使用 tracert 判断 TCP/IP 故障

可以使用 tracert 命令确定数据包在网络上停止位置。默认网关确定 192.168.10.99 主机没有有效路径。这可能是路由器配置问题，或者是 192.168.10.0 网络不存在（错误 IP 地址）。

```
C:>tracert 192.168.10.99
Tracing route to 192.168.10.99 over a maximum of 30 hops
1  10.0.0.1  reports: Destination net unreachable.
Trace complete.
```

2.5 route print 基础知识

1．route print 是什么

路由表是用来描述网络中计算机之间分布地址信息表，通过在相关设备上查看路由表信息，可以清晰了解网络中的设备分布情况，从而能及时排除网络故障。

route print 是 Windows 操作系统内嵌的查看本机的路由表信息命令， 该命令用于显示与本机互相连接的网络信息，如图 2-5 所示。

2．route print 工作原理

为了理解 route print 命令，查询到的信息代表什么意思，首先需要稍微了解一下三层路由设备是如何工作？三层路由设备是安装在不同的子网络中，用来协调一个网络与另一个网络之间的通信设备。

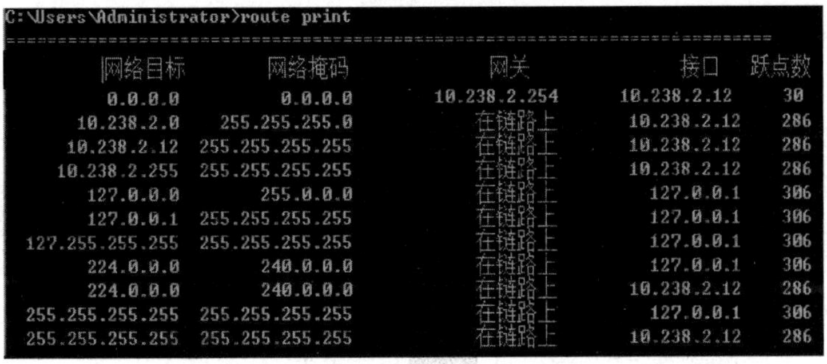

C:\Users\Administrator>route print

网络目标	网络掩码	网关	接口	跃点数
0.0.0.0	0.0.0.0	10.238.2.254	10.238.2.12	30
10.238.2.0	255.255.255.0	在链路上	10.238.2.12	286
10.238.2.12	255.255.255.255	在链路上	10.238.2.12	286
10.238.2.255	255.255.255.255	在链路上	10.238.2.12	286
127.0.0.0	255.0.0.0	在链路上	127.0.0.1	306
127.0.0.1	255.255.255.255	在链路上	127.0.0.1	306
127.255.255.255	255.255.255.255	在链路上	127.0.0.1	306
224.0.0.0	240.0.0.0	在链路上	127.0.0.1	306
224.0.0.0	240.0.0.0	在链路上	10.238.2.12	286
255.255.255.255	255.255.255.255	在链路上	127.0.0.1	306
255.255.255.255	255.255.255.255	在链路上	10.238.2.12	286

图 2-5 route print 命令查询到本机路由表

一台三层路由设备一般都连接多个子网络（包含多块网卡，每一块网卡都连接到不同的网段）。当用户需要把一个数据包发送到本机以外一个不同的网段时，这个数据包将被发送到三层路由设备上，该三层路由设备将决定这个数据包应该转发给哪一个网段。

如果这台三层路由设备连接两个网段或者十几个网段，决策的过程都是一样的，而且决策都是根据路由表做出，依据路由表指示的地址信息，把该数据包转发到连接的接口上。

3. route print 使用方法

打开计算机 Windows 操作系统，在“开始”菜单中，找到“RUN（运行）”窗口，输入“CMD”命令，打开 DOS 窗口，在盘符提示符中输入：

```
route  print
```

使用以上命令后，显示如下信息内容：

```
Network Destination    Netmask      Gateway         Interface        Metric
0.0.0.0               0.0.0.0          60.15.64.154    60.15.64.154    1
0.0.0.0               0.0.0.0          192.168.1.1     192.168.1.20    11
60.15.64.1            255.255.255.255  60.15.64.154    60.15.64.154    1
60.15.64.154          255.255.255.255  127.0.0.1       127.0.0.1       50
60.255.255.255        255.255.255.255  60.15.64.154    60.15.64.154    50
127.0.0.0             255.0.0.0        127.0.0.1       127.0.0.1       1
192.168.1.0           255.255.255.0    192.168.1.20    192.168.1.20    10
192.168.1.20          255.255.255.255  127.0.0.1       127.0.0.1       10
224.0.0.0             240.0.0.0        60.15.64.154    60.15.64.154    1
255.255.255.255       255.255.255.255  60.15.64.154    60.15.64.154    1
Default Gateway:      60.15.64.154
```

如上所示，使用 route print 命令，显示本机路由表信息分为五列，解释如下：

- 第一列是网络目的地址列，列出了本台计算机连接的所有的子网段地址。
- 第二列是目的地址的网络掩码列，提供这个网段本身的子网掩码，让三层路由设备确定目的网络的地址类。
- 第三列是网关列，一旦三层路由设备确定要把接受到的数据包，转发到哪一个目的网络，三层路由设备就要查看网关列表。网关列表告诉三层路由设备，这个数据包应该转发到哪一个网络地址，才能达到目的网络。
- 第四列是接口列，告诉三层路由设备哪一块网卡，连接到合适目的网络。
- 第五列是度量值，告诉三层路由设备为数据包选择目标网络优先级。在通向一个目的网络如果有多条路径，Windows 将查看测量列，以确定最短的路径。

2.6 netstat 基础知识

1．netstat 是什么

netstat 也是 Windows 操作系统内嵌的命令，是一个监控 TCP/IP 网络非常有用小工具。

通过 netstat 命令，显示网络路由表、实际网络连接以及每一个网络接口状态信息。显示与 IP、TCP、UDP 和 ICMP 协议等相关统计数据，一般用于检验本机各端口网络连接情况。

2．netstat 使用方法

netstat 用于显示与 IP、TCP、UDP 和 ICMP 协议相关的统计数据，一般用于检验本机各端口的网络连接情况。打开计算机 Windows 操作系统，在"开始"菜单，找到"RUN（运行）"窗口，输入"CMD"命令，打开 DOS 窗口，在盘符提示符中输入：

```
netstat
```

可以显示相关的统计信息，显示结果如图 2-6 所示。

图 2-6　netstat 显示与 IP 连接信息

3．使用 netstat 判断 TCP/IP 故障

有时候如果计算机连接网络过程中出现临时数据接收故障，不必感到奇怪，TCP/IP 可以容许这些类型的错误，并能够自动重发数据报。但累计的出错数目占到相当大百分比，或出错数目迅速增加，那么就应该使用 netstat 查一查，为什么会出现这些情况？

一般用"netstat -a"带参数的命令，来显示本机与所有连接的端口情况：显示网络连接、路由表和网络接口信息，并用数字表示，可以让用户得知目前都有哪些网络连接正在运行。

（1）netstat-s。

本命令能按照各协议，分别显示其统计数据。如果应用程序或浏览器运行速度较慢，或者不能显示 Web 页之类数据，那么就可以用本选项，查看所显示的信息。

（2）netstat-e。

用于显示以太网统计数据。它列出了发送和接收端数据报数量，包括传送数据报总字节数、错误数、删除数、数据报的数量和广播的数量，用来统计基本的网络流量。

（3）netstat-r。

可显示路由表信息。

（4）netstat-a。

显示所有有效连接信息列表，包括已建立连接（ESTABLISHED）与监听连接请求（LISTENING）的连接。

2.7 nslookup **基础知识**

1．nslookup 是什么

nslookup 是 Windows 操作系统内嵌的命令，是一个监测网络中 DNS 服务器是否能正确实现域名解析的命令行工具，是一个查询域名信息非常有用的工具。nslookup 可以查到 DNS 记录的生存时间，还可以指定使用哪个 DNS 服务器进行解释。

2．nslookup 工作原理

日常网络维护中，网络管理员在配置好 DNS 服务器，添加相应的记录之后，只要 IP 地址保持不变，一般情况下就不再需要去维护 DNS 的数据文件。不过在确认域名解释正常之前，最好是测试一下所有的配置是否正常。

许多人会简单地使用 ping 命令检查一下就算了。不过"ping"指令只是一个检查网络连通情况的命令，虽然在输入的参数是域名的情况下会通过 DNS 进行查询，但是它只能查询 A 类型和 CNAME 类型的记录，而且只会告诉用户域名是否存在，其他的信息一概没有。如果需要对 DNS 的故障进行排错，就必须熟练掌握另一个更强大的工具 nslookup。这个命令可以指定查询的类型，可以查到 DNS 记录的生存时间，还可以指定使用哪个 DNS 服务器进行解释。

3．nslookup 使用方法

打开计算机 Windows 操作系统，在"开始"菜单，找到"RUN（运行）"窗口，输入"CMD"命令，打开 DOS 窗口，在盘符提示符中输入：

```
nslookup
```

查询后显示的结果，如图 2-7 所示。

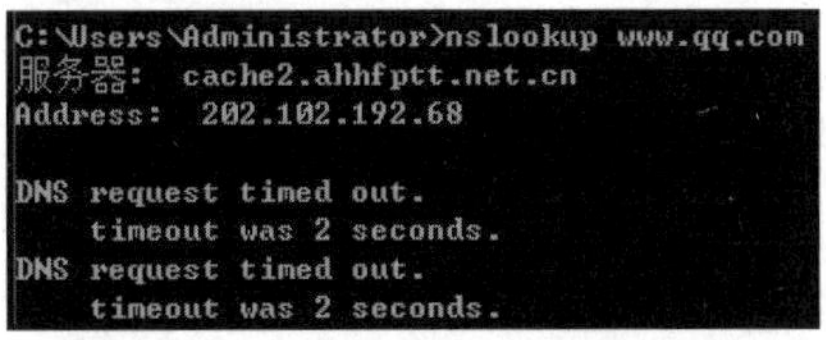

图 2-7 nslookup 解析域名地址

以上查询正在工作 DNS 服务器主机名为 ahhfptt ，它的 IP 地址是 202.102.192.68。

4．使用 nslookup 判断 TCP/IP 故障

假设本机所在的网络中，已经搭建了一台 DNS 服务器："linlin"，该服务器已经能顺利实现正向解析的情况下（解析到服务器 linlin 的 IP 地址为 192.168.0.1）。那么它的反向解析是否正常呢？也就是说，能否把 IP 地址 192.168.0.1 反向解析为域名"www.company.com"？

同上步骤，在命令提示符 C:\>的后面输入"nslookup 192.168.0.1"，得到结果如下：

```
Server: linlin
Address: 192.168.0.5
```

```
Name: www.company.com
Address: 192.168.0.1
```

这说明，DNS 服务器 linlin 的反向解析功能也正常。

（1）故障 1。

然而，有时输入"nslookup www.company.com"，却出现如下结果：

```
Server: linlin
Address: 192.168.0.5
*** linlin can't find www.company.com: Non-existent domain
```

这种情况说明：网络中 DNS 服务器 linlin 在工作，却不能实现域名"www.company. om"的正确解析。此时，要分析 DNS 服务器的配置情况，看是否 "www.company.com"这一条域名对应的 IP 地址记录已经添加到了 DNS 的数据库中。

（2）故障 2。

有时输入"nslookup www.company.com"，会出现如下结果：

```
*** Can't find server name for domain: No response from server
*** Can't find www.company.com : Non-existent domain
```

这时，说明测试主机在目前的网络中，根本没有找到可以使用的 DNS 服务器。此时，要对整个网络的连通性作全面的检测，并检查 DNS 服务器是否处于正常工作状态，采用逐步排错的方法，找出 DNS 服务不能启动的根源。

项目三　使用 360 保护客户端安全

核心技术

◆ 使用 360 软件保护客户端安全

学习目标

◆ 了解杀毒软件基础知识
◆ 杀毒软件常识介绍
◆ 杀毒软件类型介绍
◆ 云安全基础知识

3.1 杀毒软件基础知识

"杀毒软件"也称为"反病毒软件"、"安全防护软件"或"安全软件"。注意"杀毒软件"是指计算机在上网过程，被恶意程序将系统文件篡改，导致计算机系统无法正常运作中毒，然后要用一些杀毒的程序，来杀掉病毒。

安装在计算机中的"杀毒软件"，包括了查杀病毒和防御病毒入侵两种功能，主要用于消除计算机病毒、特洛伊木马和恶意软件等对计算机产生的威胁。杀毒软件通常集成监控识别、病毒扫描与清除与自动升级等功能，有的杀毒软件还带有数据恢复等功能，是计算机防御系统（包含杀毒软件、防火墙、特洛伊木马、其他恶意软件的查杀程序、入侵预防系统等）的重要组成部分。

3.2 杀毒软件常识介绍

（1）杀毒软件不可能查杀所有病毒。

（2）杀毒软件能查到的病毒，不一定能杀掉。

（3）一台计算机每个操作系统下不能同时安装两套或两套以上的杀毒软件（除非有兼容或绿色版，其实很多杀毒软件兼容性很好，国产杀毒软件几乎不用担心兼容性问题），另外建议查看不兼容的程序列表。

（4）杀毒软件对被感染的文件杀毒有多种方式：清除、删除、禁止访问、隔离、不处理。

① 清除：清除被蠕虫感染的文件，清除后文件恢复正常。相当于人生病，清除是给这个人治病，删除是人生病后直接杀死。

② 删除：删除病毒文件。这类文件不是被感染的文件，本身就含病毒，无法清除，可以删除。

③ 禁止访问：禁止访问病毒文件。在发现病毒后用户如果选择不处理则杀毒软件可能将病毒禁止访问。用户打开时会弹出错误对话框，内容是"该文件不是有效的 Win32 文件"。

④ 隔离：病毒删除后转移到隔离区。用户可以从隔离区找回删除的文件。隔离区的文件不能运行。

⑤ 不处理：不处理该病毒。如果用户暂时不知道是不是病毒可以暂时先不处理。

大部分杀毒软件是滞后于计算机病毒的（像微点之类的第三代杀毒软件可以查杀未知病毒，但仍需升级）。所以，除了及时更新升级软件版本和定期扫描的同时，还要注意充实自己的计算机安全以及网络安全知识，做到不随意打开陌生的文件或者不安全的网页，不浏览不健康的站点，注意更新自己的隐私密码，配套使用安全助手与个人防火墙等。这样才能更好地维护好自己的计算机以及网络安全。

3.3 杀毒软件类型介绍

目前国内反病毒软件，有三大巨头：360 杀毒、金山毒霸、瑞星杀毒软件。这几款网络病毒防范软件都不错，占领了目前近 70%的客户端。

但每款杀毒软件都有其自身的优缺点，评价与介绍如下。

1. 360 杀毒软件

360 杀毒是永久免费，性能超强的杀毒软件，如图 3-1 所示。360 杀毒经过最近几年的发展，其在新产品的研发，工具软件的集成上都有非常大的改善，目前在国内市场上占有率靠前。

360 杀毒采用领先的五引擎：BitDefender 引擎+修复引擎+360 云引擎+360QVM 人工智能引擎+小红伞本地内核，强力杀毒，全面保护用户计算机安全，拥有完善的病毒防护体系。360 杀毒轻巧快速、查杀能力超强、独有可信程序数据库，防止误杀，依托 360 安全中心的可信程序数据库，实时校验，为计算机提供全面保护。最新版本可查杀 660 多万种病毒。在最新 VB100 测试中，双核 360 杀毒大幅领先名列国产杀毒软件第一。

图 3-1　360 杀毒软件

360 杀毒采用领先的病毒查杀引擎及云安全技术，不但能查杀几百万种已知病毒，还能有效防御最新病毒的入侵。360 杀毒病毒库每小时升级，让用户及时拥有最新的病毒清除能力。360 杀毒有优化的系统设计，对系统运行速度的影响极小。360 杀毒和 360 安全卫士配合使用，是安全上网的"黄金组合"。

2. 金山毒霸

金山毒霸是金山公司推出的计算机安全产品，监控、杀毒全面、可靠，占用系统资源较少。其软件的组合版功能强大（金山毒霸 2011、金山网盾、金山卫士），集杀毒、监控、防木马、防漏洞为一体，是一款具有市场竞争力的杀毒软件，如图 3-2 所示。

此外，金山毒霸还是世界首款应用"可信云查杀"的杀毒软件，颠覆了金山毒霸 20 年传统技术，全面超于主动防御及初级云安全等传统方法，采用本地正常文件白名单快速匹配技术，配合金山可信云端体系，实现了安全性、检出率与速度。

图 3-2　金山毒霸

最新的金山毒霸的主要技术亮点如下。

（1）可信云查杀：增强互联网可信认证，海量样本自动分析鉴定，极速快速匹配查询。

（2）蓝芯 II 引擎：微特征识别（启发式查杀 2.0），将新病毒扼杀于摇篮中，针对类型病毒具有不同的算法，减少资源占用，多模式快速扫描匹配技术，超快样本匹配。

（3）白名单优先技术：准确标记用户计算机所有安全文件，无须逐一比对病毒库，大大提高效率，双库双引擎，首家在杀毒软件中内置安全文件库，与可信云安全紧密结合，安全、少误杀。

（4）个性功能体验：下载保护、聊天软件保护、U 盘病毒免疫防御、文件粉碎机、自定义安全区，提升性能、可定制的免打扰模式、自动调节资源占用、针对笔记本电源优化使续航更久；

（5）自我保护：多于 40 个自保护点，免疫所有病毒使杀毒软件失效方法；

（6）全面安全功能，下载（支持迅雷、QQ 旋风、快车）、聊天（支持 MSN）、U 盘安全保护，免打扰模式，自动调节资源占用。

3．瑞星杀毒软件

瑞星杀毒软件（图 3-3）其监控能力是十分强大，但同时占用系统资源较大。瑞星采用第八代杀毒引擎，能够快速、彻底查杀大小各种病毒，这绝对是全国顶尖的。但是瑞星的网络监控不行，最好再加上瑞星防火墙弥补缺陷。

瑞星杀毒软件拥有后台查杀（在不影响用户工作的情况下，进行病毒的处理）、断点续杀（智能记录上次查杀完成文件，针对未查杀的文件进行查杀）、异步杀毒处理（在用户选择病毒处理的过程中，不中断查杀进度，提高查杀效率）、空闲时段查杀（利用用户系统空闲时间进行病毒扫描）、嵌入式查杀（可以保护 MSN 等即时通信软件，并在 MSN 传输文件时进行传输文件的扫描）、开机查杀（在系统启动初期进行文件扫描，以处理随系统启动的病毒）等功能。

图 3-3　瑞星杀毒

此外，瑞星杀毒软件还拥有木马入侵拦截和木马行为防御，基于病毒行为的防护，可以阻止未知病毒的破坏。还可以对计算机进行体检，帮助用户发现安全隐患。并有工作模式的选择，家庭模式为用户自动处理安全问题，专业模式下用户拥有对安全事件的处理权。缺点是卸载后注册表残留一些信息。

4．江民杀毒软件

江民杀毒软件是一款老牌的杀毒软件。它具有良好的监控系统，独特的主动防御使不少病毒望而却步。建议与江民防火墙配套使用。江民的监控效果非常出色，可以与国外杀毒软件媲美。而且系统占用资源不是很大，是一款不错的杀毒软件。

江民杀毒技术的主要特点如下。

（1）系统安全管理。

KV 系统安全管理，能够对系统的安全性进行综合处理。如对系统共享的管理、对系统口令的管理、对系统漏洞的管理、对系统启动项和进程查看的管理等，使用该功能，可以从根本上消除系统存在的安全隐患，切断病毒和黑客入侵的途径，使得系统更强壮、更安全。

（2）网页防马墙。

互联网上木马防不胜防，全球上亿网页被种植木马。江民防马墙在系统自动搜集分析带毒网页的基础上，通过黑白名单，阻止用户访问带有木马和恶意脚本的恶意网页并进行处理。该功能将大大降低通过搜索引擎频繁搜索资料的网民感染木马以及恶意脚本病毒的概率，有效保障用户上网安全。

（3）系统漏洞自动更新。

江民杀毒软件系统漏洞检查新增对 Office 的文件漏洞扫描，可自动更新系统和 Office 漏洞补丁，有效防范利用系统漏洞传播的木马以及恶意代码。

（4）可疑文件自动识别。

江民杀毒软件新增可疑文件自动识别功能，将可疑文件打上可疑标记，让潜在威胁一目了然。

（5）新安全助手。

江民杀毒软件 KV2008 新安全助手全面检测"流氓软件"、"恶意软件"，给用户提供强大的卸载工具，并具有插件管理、系统修复、清除上网痕迹等多种系统安全辅助功能。

3.4　云安全基础知识

"云安全（Cloud Security）"计划是网络时代信息安全的最新体现，它融合了并行处理、网格计算、未知病毒行为判断等新兴技术和概念，通过网状的大量客户端对网络中软件行为的异常监测，获取互联网中木马、恶意程序的最新信息，推送到服务端进行自动分析和处理，再把病毒和木马的解决方案分发到每一个客户端。

未来杀毒软件将无法有效地处理日益增多的恶意程序。来自互联网的主要威胁正在由计算机病毒转向恶意程序及木马，在这样的情况下，采用的特征库判别法显然已经过时。云安全技术应用后，识别和查杀病毒不再仅仅依靠本地硬盘中的病毒库，而是依靠庞大的网络服务，实时进行采集、分析以及处理。整个互联网就是一个巨大的"杀毒软件"，参与者越多，每个参与者就越安全，整个互联网就会更安全。

云安全的概念提出后，曾引起了广泛的争议，许多人认为它是伪命题。但事实胜于雄辩，云安全的发展像一阵风，腾讯电脑管家、360 杀毒、360 安全卫士、瑞星杀毒软件、趋势、卡巴斯基、MCAFEE、SYMANTEC、江民科技、PANDA、金山毒霸、卡卡上网安全助手等都推出了云安全解决方案。

在 2013 年，实现了云鉴定功能，在 QQ2013beta2 中打通了与腾讯电脑管家在恶意网址特征库上的共享通道，每一条在 QQ 聊天中传输的网址都将在云端的恶意网址数据库中进行验证，并立即返回鉴定结果到聊天窗口中。依托腾讯庞大的产品生态链和用户基础，腾讯电脑管家已建立起全球最大的恶意网址数据库，并通过云举报平台实时更新，在防网络诈骗、反钓鱼等领域，已处于全球领先水平，因此能够实现 QQ 平台中更精准的网址安全检测，防止用户因不小心访问恶意网址而造成的财产或账号损失。

云安全技术是 P2P 技术、网格技术、云计算技术等分布式计算技术混合发展、自然演化的结果。

3.5　安全项目实施方案

安装 360，保护终端设备安全。

任务描述

张明从学校毕业，分配至顶新公司网络中心，承担公司网络管理员工作，维护和管理公司中所有的网络设备。张明上班后，就发现公司内部的很多计算机都没有安装客户端的杀病毒软件以及客户端防火墙软件，造成了公司内部办公网的计算机接入公司的网络非常不安全。

张明决定从网络上下载 360 防病毒软件，在公司内部所有的计算机上安装下，通过 360 防病毒软件保护办公网计算机设备安全，从而实现办公网安全。

网络拓扑

网络拓扑结构略。

【实训目标】
下载并安装 360 防病毒软件。

【设备清单】

计算机、360 防病毒软件安装包。

工作过程

步骤 1：从 360 的官方网站下载安装包

从 360 的官方网站下载软件工具包，如图 3-4 所示。

图 3-4　下载 360 杀毒软件

在本地机器上安装 360 防病毒软件包，360 防病毒软件包通过启用向导的方式，直接引导用户安装，各个选项都采用默认的"我接受"、"下一步"的方式直接安装。

安装完成的 360 杀毒软件如图 3-5 所示。

图 3-5　安装完成的 360 杀毒软件

步骤 2：使用 360 杀毒软件检测本机安全

360 杀毒软件是 360 安全中心出品的一款免费的云安全杀毒软件。360 杀毒具有以下优点：查杀率高、资源占用少、升级迅速等。同时，360 杀毒可以与其他杀毒软件共存，是一个理想杀毒备选方案。

在打开的 360 杀毒软件的主界面上，选择"快速扫描"选项，即可开始对本地主机进行防病毒扫描，扫描主界面如图 3-6 所示，扫描本机完成后，给出扫描病毒报告。

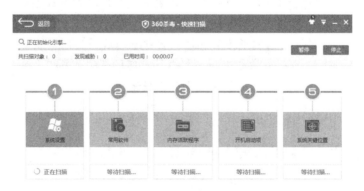

图 3-6　防病毒扫描主界面

此外，还可以选择 360 杀毒软件的主界面上"自定义扫描"等选择，定制监测本机指定文件以及文件夹安全，以及扫描直接插入的可移动的终端设备安全。

360 杀毒软件针对扫描出的病毒信息，会给出相应的隔离、清除等操作方案。

步骤 3：使用 360 安全卫士保护本机安全

360 安全卫士是一款由 360 推出的功能强、效果好、受用户欢迎的上网安全软件。360 安全卫士拥有木马查杀、清理插件、漏洞修复、电脑体检、保护隐私等多种功能，依靠抢先侦测和云端鉴别，可全面、智能地拦截各类木马，保护用户的账号、隐私等重要信息。

单击桌面或者"开始"菜单中的"安全卫士"图标即可开启软件，如图 3-7 所示。

首次运行 360 安全卫士，会进行第一次系统全面检测，并给出本机的最后安全报告。

360 安全卫士具有以下几项功能，单击如图 3-7 所示工具按钮，即可完成相关的安全卫士保护操作。安全卫士保护的本机的安全操作功能描述如下。

图 3-7　360 安全卫士

（1）电脑体检：对计算机进行详细的检查，对计算机系统进行快速一键扫描，对木马病毒、系统漏洞、差评插件等问题进行修复，并全面解决潜在的安全风险，提高计算机运行速度。

（2）木马查杀：使用 360 云引擎、360 启发式引擎、小红伞本地引擎、QVM 四引擎杀毒。先进的启发式引擎，智能查杀未知木马和云安全引擎双剑合一查杀能力倍增，如果使用常规扫描后感觉计算机仍然存在问题，还可尝试 360 强力查杀模式。

（3）漏洞修复：为系统修复高危漏洞和功能性更新。提供的漏洞补丁均由微软官方获取。及时修复漏洞，保证系统安全。

（4）系统修复：修复常见的上网设置，系统设置。一键解决浏览器主页、开始菜单、桌面图标、文件夹、系统设置等被恶意篡改的诸多问题，使系统迅速恢复到"健康状态"。

（5）电脑清理：清理插件，清理垃圾和清理痕迹并清理注册表。可以清理使用计算机后所留下个人信息的痕迹，这样做可以极大地保护用户的隐私。

（6）优化加速：加快开机速度（深度优化：硬盘智能加速 + 整理磁盘碎片）。

（7）电脑专家：提供几十种各式各样的功能。

（8）软件管家：安全下载软件，小工具。提供了多种功能强大的实用工具，有针对性地帮用户解决计算机问题，提高计算机速度。

项目四 保护 Windows 主机安全访问

核心技术

◆ 配置 Windows 保护本地主机安全

学习目标

◆ 用户账户安全基础
◆ 用户账户安全
◆ 文件系统安全
◆ 文件共享安全

4.1 用户账户安全基础

1．什么是用户账户

用户账户是用来记录用户的用户名和口令、隶属的组、可以访问的网络资源，以及用户的个人文件和设置。每个用户都应在域控制器中有一个用户账户，才能访问服务器，使用网络上的资源。

从 Windows 98 开始，计算机开始支持多用户多任务，多人使用同一台计算机，每个人都可以使用自己的用户名登录系统，还可以设置用户账户更符合自己的个性。

2．用户账户的分类

在现实世界中，人人都有一个身份，每个人的身份决定了每人的工作与职权范围。同样，在网络中每台计算机和计算机的使用者也都有其各自不同的身份，拥有不同的访问或管理权限。

对于大中型网络而言，为每个单独的用户赋予权限是一件既费时费力，又非常容易出错的工作。因此，虽然用户权限可以应用于单个的用户账户，但最好是在组账户基础上管理。将用户添加至不同的用户组，并且为用户组指定权限，可以确保作为组成员登录的账户，将自动继承该组的相关权利。这样通过对组，而不是对单个用户指派用户权利，可以简化账户管理的任务。

Windows 系统中的常见的组的类型如下。

（1）管理员组（Administrators）：这个用户组就是管理员用户组，只要是这个组里面的用户，就都是计算机系统最高管理员。

管理员用户组可以被授权的权利包括更改系统事件，创建页面文件，装载和卸载设备驱动程序，在本地登录、管理审核安全日志，配置单一进程，配置系统性能，关闭系统，取得文件或者对象的所有权。

（2）备份操作员组（Backup Operators）：备份操作员可以备份或还原系统文件，可以远程登录管理，虽然不如 Administrators 大，但权限基本相似。

备份操作员组内用户可以被授权的权利包括备份文件和目录、在本地登录、还原文件和目录。

（3）Everyone 组：每台计算机及网络账户所在的组，Everyone 顾名思义就是全部，这不是组的名字，定义了 Everyone 的权限意味着所有用户都拥有这个权限。在 Windows XP 中，允许将"Everyone"组权限应用于匿名用户。

很多人都认为匿名用户的权限和 Everyone 组的权限是一样的，其实这种看法是极其错误的。虽然两者之间的权限有部分是相同的，但并不是完全一致。在默认情况下，Everyone 组的权限要大于匿名用户。

（4）Power User 组：高级用户组，Power Users 可以执行除了为 Administrators 组保留的任务外的其他任何操作系统任务。

分配给 Power Users 组的默认权限允许 Power Users 组的成员修改整个计算机的设置。但 Power Users 不具有将自己添加到 Administrators 组的权限。在权限设置中，这个组的权限是仅次于 Administrators 的。

（5）User 组：本地机器上所有的用户账户，是一个普通用户组。新建的用户默认情况下都属于这个组，这个组的成员用户可以运行经过验证的应用程序，这是一个低权限的用户组。

分配给 Users 组的默认权限不允许成员修改操作系统的设置或用户资料。Users 组提供了一个最安全的程序运行环境，在经过 NTFS 格式化的卷上，默认安全设置旨在禁止该组的成员危及操作系统和已安装程序的完整性。用户不能修改系统注册表设置，操作系统文件或程序文件。Users 可以创建本地组，但只能修改自己创建的本地组；Users 可以关闭工作站，但不能关闭服务器。

（6）SYSTEM 组：这个组拥有和 Administrators 一样甚至更高的权限，在查看用户组的时候它不会被显示出来，也不允许任何用户的加入。这个组主要是保证系统服务的正常运行，赋予系统及系统服务的权限。

（7）Guest 组：来宾组，这个组跟普通组 Users 的成员有同等访问权，但来宾账户的限制更多。

3．用户账户的密码

在 Windows 桌面系统中，用户的密码长度不受限制（即允许密码为空）。在 Windows 服务器系统中，规定用户账户的密码最少为 7 位。

4.2 用户账户安全

在网络应用环境中，为了保证终端的安全，防止恶意访问敏感信息，首先需要加固的就是用户的账户安全。为了保证桌面系统的安全，防止敏感信息的泄露，使用户可以安全地访问与共享信息，必须从用户账号安全、文件系统安全、共享安全三方面着手加固桌面系统。

1．用户账户安全

每个计算机使用者都会有一个用户账户，用户的权限不同，决定了用户对计算机及网络控制的能力与范围。对于一些管理保存有重要资料计算机的用户，往往也拥有特殊的权限，如果非法用户获得该用户的权限或密码，也就相当于获取了这些资料。因此，保护好用户账户是保护计算机网络的重要措施。

在日常使用计算机过程中，为保护本地用户账户安全，需要为本地计算机的桌面系统设定自己的用户及用户账户策略。

具体体现在以下几个方面。

（1）为每一个用户配置修改 Administrator 默认管理员账户，配置其权限。

（2）建立多个新的 Windows 用户账户。

（3）建立多个新的 Windows 组。

（4）将不同用户加入到不同的用户组中。

2．文件系统安全

文件服务既可以为局域网用户提供数据存储服务，同时也可作为网站服务器的远程共享文件夹，实现数据的集中安全存储。由于网络往往采用集中式远程存储，几乎所有重要和敏感的数据都被存储在各种文件服务器中，而这些文件和数据才是网内外恶意用户所觊觎的真正目标，也是导致各种网络攻击频繁发生的真正原因。事实上，确保文件系统的访问安全才是网络安全的根本之所在。

借助于文件服务器中设置的访问控制列表（ACL），不仅可以最大限度地保障重要数据存储安全，保证数据不会由于计算机的硬件故障而丢失，而且还可以通过严格的权限设置，有效地保证数据的访问安全。

在日常使用计算机过程中，为保护本地用户账户安全，需要为本地计算机系统文件及文件夹设定 NTFS 权限。

具体体现在以下几个方面。

（1）针对各用户设定文件夹的 NTFS 权限。

（2）针对各用户设定文件的 NTFS 权限。

3. 文件共享安全

由于网络用户对文件资源的访问都是通过网络共享实现的，因此除了设置 NTFS 权限外，还需要设置共享文件夹权限。

但设置共享文件夹权限之前，根据安全的需要，需要启动/关闭默认共享。

默认共享是为了方便管理员远程管理，而默认开启的共享（当然可以关闭它），即所有的逻辑磁盘（C$，D$，E$……）和系统目录 Windows NT 或 Windows（Admin$），通过 IPC$连接可以实现对这些默认共享的访问。

在日常使用计算机过程中，为保护本地用户账户安全，需要为本地计算机的系统文件及文件夹设定文件共享权限。

具体体现在以下几个方面。

（1）关闭不需要的默认共享，提高桌面系统安全性。

（2）创建所需的多个文件夹。

（3）为不同的文件夹分配不同的共享权限。

4.3 文件系统安全

文件系统是操作系统用于明确磁盘或分区上的文件的方法和数据结构，即在磁盘上组织文件的方法，也指用于存储文件的磁盘或分区，或文件系统种类。一个分区或磁盘能作为文件系统使用前，需要初始化，并将记录数据结构写到磁盘上，这个过程就称为建立文件系统。

1. FAT 文件系统

通常，PC 使用的文件系统是 FAT16。像基于 MS-DOS、Windows 95 等系统都采用了 FAT16 文件系统。在 Windows 9x 下，FAT16 支持的分区最大为 2GB。

计算机将信息保存在硬盘上称为"簇"的区域内。使用的簇越小，保存信息的效率就越高。在 FAT16 的情况下，分区越大簇就相应地越大，存储效率就越低，势必造成存储空间的浪费。并且随着计算机硬件和应用的不断提高，FAT16 文件系统已不能很好地适应系统的要求。在这种情况下，推出了增强的文件系统 FAT32。

同 FAT16 相比，FAT32 主要具有以下特点。

（1）FAT32 最大的优点是可以支持的磁盘大小达到 32GB，但是不能支持小于 512MB 分区。

（2）基于 FAT32 的 Windows 2000 可以支持分区最大为 32GB；而基于 FAT16 的 Windows 2000 支持的分区最大为 4GB。

由于采用了更小的簇，FAT32 文件系统可以更有效地保存信息。如两个分区大小都为 2GB，一个分区采用了 FAT16 文件系统，另一个分区采用了 FAT32 文件系统，采用 FAT16 的分区的簇大小为 32KB，而 FAT32 分区的簇只有 4KB 的大小。这样 FAT32 就比 FAT16 的存储效率要高很多，通常情况下可以提高 15%。

FAT32 文件系统可以重新定位根目录和使用 FAT 的备份副本。另外 FAT32 分区的启动记录被包含在一个含有关键数据的结构中，减少了计算机系统崩溃的可能性。

2．NTFS 文件系统

NTFS 文件系统是一个基于安全性的文件系统，是 Windows NT 所采用的独特的文件系统结构，它是建立在保护文件和目录数据基础上，同时为了节省存储资源、减少磁盘占用量的一种先进的文件系统。

（1）NTFS 权限概述

NTFS 是从 Windows NT 开始引入的文件系统。借助于 NTFS，不仅可以为文件夹授权，而且还可以为单个的文件授权，使得对用户访问权限的控制变得更加细致。NTFS 还支持数据压缩和磁盘配额，从而可以进一步高效率地使用硬盘空间。

一旦用户磁盘格式化成 NTFS 格式，那么用户就可以对 NTFS 磁盘内的文件夹与数据设定访问权限，具有允许访问权限的用户才可以访问这些资源。

（2）NTFS 文件权限

① 读取（Read）：可以读取文件内容、查看文件属性与权限等。文件属性指的是只读、隐藏等。

② 写入（Write）：可以修改文件内容、在文件后面添加数据或修改文件属性等。

③ 读取和执行（Read&Execute）：除了拥有读取的权限外，还具备运行应用程序的权限。

④ 修改（Modify）：除了拥有读取、写入与读取和执行的权限外，还可以删除文件。

⑤ 完全控制（Full Control）：拥有所有的 NTFS 文件权限，也就是除了上述的所有权限之外，还拥有更改权限与取得所有权的特殊权限。

（3）NTFS 文件夹权限

① 读取（Read）：查看该文件夹中的文件和子文件夹。查看文件夹的所有者、权限和属性。

② 写入（Write）：可以在文件夹内新建文件与子文件夹、修改文件夹属性等。

③ 列出文件夹目录（List Folder Contents）：查看该文件夹中的文件和子文件夹的名称。

④ 读取和执行（Read&Execute）：拥有与列出文件夹目录几乎完全相同的权限。

⑤ 修改（Modify）：除了拥有前面的所有权限外，还可以删除此文件夹。

⑥ 完全控制（Full Control）：拥有所有的 NTFS 文件夹权限，还拥有更改权限与取得所有权的特殊权限。

（4）NTFS 权限属性

① NTFS 权限是可继承的：当父文件夹的权限设置完毕后，父文件夹的 NTFS 权限自动被子文件夹继承。

② NTFS 权限是累加的：如果某一个用户属于多个用户组，而这个用户及用户所在的组对某个文件或者文件夹拥有不同的 NTFS 权限，那么这个用户的最后 NTFS 权限为多个组 NTFS 权限的集合。例如，A 用户同时属于销售组与经理组，销售组对某文件夹的权限是读取，经理组的权限是读取+执行，那么 A 用户的权限是读取+执行。

③ 拒绝的 NTFS 权限比允许的权限级别高：上面提到 NTFS 的权限是累加的，但有一种特殊情况，就是只要其中一个权限是拒绝的权限，则用户就不再拥有此权限。例如，以上面的案例，A 用户所在销售组的权限是允许读取，而在经理组的权限为拒绝读取，那么 A 用户的权限就为拒绝读取。

4.4　文件共享安全

网络给人们带来了许多方便，人们可以用文件共享轻松地与其他人分享文件。虽然共享给使用资源带来了操作上的方便，但同时也带来安全隐患。有些不法用户可以利用共享功能，任意删除、更改或者破坏局域网中其他计算机上的资源。同时，数据也容易被恶意窃取。

怎样把共享的安全性提高呢？

将文件夹设置为共享资源时，除了必需文件和文件夹指定 NTFS 权限外，还应当为共享文件夹指定相应的访问权限。共享文件夹权限类似 NTFS 权限，但 NTFS 权限的优先级要高于共享文件夹权限。因此，共享文件夹的权限可以粗略设置，而 NTFS 权限则必须详细划分。

1. 共享文件夹权限特点

共享文件夹权限只适用于文件夹，而不适用于文件，并且只能为整个共享文件夹设置共享权限。

2. 共享文件夹权限的种类

（1）读取：显示文件夹名称、文件名称、文件数据和属性，运行应用程序文件。

（2）修改：建立文件夹、向文件夹中添加文件、修改文件中的数据、向文件中追加数据、修改文件属性、删除文件夹文件，以及执行"读取"权限所允许的操作。

（3）完全控制：修改文件权限，获得文件的所有权。

4.5　安全项目实施方案

保护 Windows 主机安全访问

 任务描述

张明从学校毕业，分配至顶新公司网络中心，承担公司网络管理员工作，维护和管理公司中所有的网络设备。公司的办公网络中有 300 台办公用计算机，每台终端计算机安装了 Windows 系统。

在日常工作中，每台计算机组成的网络需要进行文件共享及文件权限分配，每个不同的用户有着不同的权限级别，另外为了使系统健康快速地运行，设定了桌面系统运行的策略，并针对每个文件及文件夹都设置了加密措施，这些措施保证了在企业局域网中，每类人员有着自己的权限，可以访问不同级别的加密文件，运行在不同的策略级别上。

 **网络拓扑**

如图 4-1 所示的网络拓扑结构，为建立多用户共享资源的安全场景。注意这里用 PC1 来存储数据，用 PC2 来做网络连接测试，连接到 PC1。其中：PC1 的 IP 地址为10.1.1.1/24，PC2 的 IP 地址为 10.1.1.2/24。

【实训目标】

加强 Windows 主机网络安全访问权限的管理。

【设备清单】

计算机（2 台）；交换机（1 台）；网络线（若干根）；Windows XP（1 套）。

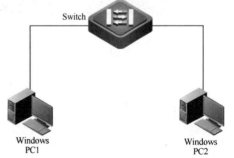

图 4-1　网络拓扑结构

 **工作过程**

步骤 1：创建用户账户

（1）创建多个 Windows 用户账户及密码安全设置。

在 PC1 上创建 bob、Mary、Tim 三个用户，在输入三个用户账户的时候，建议其密码设置为 7 位以上并包含数字、字母等元素以保证账户密码安全，如图 4-2～图 4-4 所示。

图 4-2　新建 bob 账号　　　　　　　　图 4-3　新建 Mary 账号

图 4-4　新建 Tim 账号

（2）创建 Windows 用户组。

在 PC1 上创建 Sales、Manager、Engineer 三个用户组，如图 4-5～图 4-7 所示。

图 4-5　新建 Sales 组　　　　　　　　图 4-6　新建 Manager 组

图 4-7 新建 Engineer 组

（3）将不同用户加入到不同的用户组中。

将 bob、Mary、Tim 分别加入 Sales、Manager、Engineer 三个用户组中，如图 4-8～图 4-10 所示。

图 4-8 把 bob 加入 Sales 组

图 4-9 把 Mary 加入 Manager 组

图 4-10 把 Tim 加入 Engineer 组

步骤 2：创建共享文件

（1）创建多个文件夹。

在 PC1 的 D 盘上创建 File 文件夹，并在 File 文件夹里创建 3 个子文件夹，分别以 Sales、

Manager、Engineer 来命名，如图 4-11 和图 4-12 所示。

图 4-11　新建 File 文件夹

图 4-12　新建子文件夹

（2）为不同的文件夹分配不同的共享权限。

首先，共享 File 文件夹，如图 4-13 所示。

图 4-13　共享文件夹

在 PC2 上，查看 PC 的共享文件夹 File，并且利用不同的账号登录此共享文件夹，如用 bob、Mary 及 Tim 登录。可以看到，利用这三个账号登录到 PC1 的共享文件夹后，都可以看到 File 中的三个子义件夹。

首先，查看一下 PC2 的 IP 地址，如图 4-14 所示。

图 4-14　查看 IP 地址

登录到 PC2 上，查看 PC1 的共享文件夹，如图 4-15 所示。

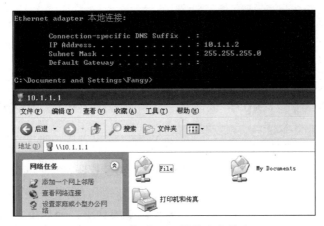

图 4-15　查看 PC1 的共享文件夹

查看 File 文件夹内的子文件夹，如图 4-16 所示。

图 4-16　查看 File 子文件夹

单击分别进入三个文件夹，现象是都可进入，并且可访问文件夹内的任何文件。没有任何限制，但三个文件夹内的文件不可删除。这是因为在共享 File 文件夹时，启用了默认的共享权限，如图 4-17 所示。

测试查看 Engineer.zip 文件，如图 4-18 所示。

图 4-17　查看共享权限　　　　　　　　　图 4-18　查看文件

也可分别针对 File 文件夹来设置每个用户不同的共享文件夹的权限，例如：

bob 文件夹共享权限：针对 File 文件夹只能读取。

Mary 文件夹共享权限：针对 File 文件夹可以更改。

Tim 文件夹共享权限：针对 File 文件夹是完全控制的权限。

一般来说，在做数据安全策略的时候，基本上利用 NTFS 权限来限制文件的操作，而不用共享权限步骤 3 来设定 NTFS 权限。

步骤 3：为用户分配 NTFS 权限

针对 File 文件夹内的三个子文件夹，设定不同的 NTFS 权限，为不同文件夹分配不同的 NTFS 权限。

注意：这里在 File 文件夹设置的是以用户角度设置的权限，如果用户数过多，推荐大家以组的角度来设定权限，这样可以更加方便。

Sales 的 NTFS 权限：允许 bob 读取，如图 4-19 所示。

Manager 的 NTFS 权限：允许 Mary 完全控制同，如图 4-20 所示。

Engineer 的 NTFS 权限：允许 Tim 更改，如图 4-21 所示。

图 4-19　设置 bob 的 NTFS 权限

图 4-20　设置 Mary 的 NTFS 权限

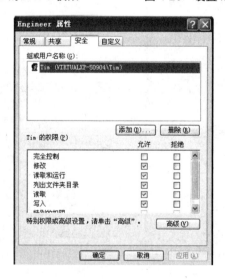
图 4-21　设置 Tim 的 NTFS 权限

步骤 4：验证测试

（1）不同的用户通过网络访问共享文件夹。

以 bob 为例，在 PC2 上打开 PC 的共享目录，在运行中输入"\\10.1.1.1\File"。

接下来提示输入用户名和密码，输入 bob 的用户名和密码，如图 4-22 所示。可以看到 File 文件夹下的三个目录。

图 4-22　登录到 PC1

（2）查看其访问的内容。

分别单击进入三个文件夹，如图 4-23～图 4-25 所示。

图 4-23　访问 Engineer 文件夹

图 4-24　访问 Manager 文件夹

可以看到，bob 用户只能打开 Sales 文件夹，并且可执行 Sales.bmp 文件。这是因为之前在设置 Sales 文件夹的 NTFS 权限时，只允许 bob 进行读取操作。

接下来，看一下 bob 可否删除 sales.bmp，如图 4-26 所示。

图 4-25　访问 Sales 文件夹

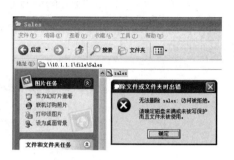

图 4-26　运行 sales.bmp 文件

不可删除的原因是 Sales 文件夹设定的 NTFS 权限中只允许 bob 读取文件，而没有给 bob 修改删除的权限。

（3）了解 NTFS 权限与共享权限的应用。

可以利用共享权限在数据服务器上进行文件的共享，利用 NTFS 权限设定每个账户或组的读写权限。

项目五　保护 Windows 文件系统安全

核心技术

◆ 配置 Windows 文件加密，保护本地系统安全

学习目标

◆ 什么是 Windows 系统的文件系统
◆ 文件系统类型
◆ 加密文件系统 EFS

5.1 什么是 Windows 系统的文件系统

Windows 系统的文件系统是操作系统用于明确磁盘或分区上文件的方法和数据结构，即在磁盘上组织文件的方法。文件系统也指用于存储文件的磁盘或分区，或文件系统种类。

Windows 操作系统中负责管理和存储文件信息软件机构，称为文件管理系统，简称文件系统。文件系统由三部分组成：与文件管理有关软件、被管理文件以及实施文件管理所需数据结构。

从系统角度来看，文件系统是对文件存储器空间进行组织和分配，负责文件存储并对存入的文件进行保护和检索的系统。具体地说，文件系统负责为用户建立文件，存入、读出、修改、转储文件，控制文件的存取，当用户不再使用时撤销文件等。

5.2 文件系统类型

不同文件系统类型，在保护信息安全上是不一样的，在 Windows XP 操作系统中一般常见有 FAT、FAT32、NTFS 这几种文件系统类型。

Window 3x 和 MS-DOS 一直使用的是文件分配表（FAT）系统；Window 95 使用的是扩展 FAT 文件系统；Windows NT 文件系统则在继续支持 16 位文件系统的同时，还支持两种 32 位的文件系统——Windows NT 文件系统（NTFS）和高性能文件系统（HPFS）。这几种文件系统各有优缺点，适合于不同的应用目的。

1. FAT 16 文件系统

FAT 16 文件系统是使用时间最长文件系统。在微软的 DOS 3.0 中，微软推出了新的文件系统 FAT 16。刚推出 FAT 16 文件系统管理磁盘能力实际上是 32MB。

1987 年，硬盘的发展推动了文件系统的发展，DOS 4.0 之后的 FAT 16 可以管理 128MB 的磁盘。然后这个数字不断地发展，一直到 2GB。

在 Windows 95 系统中，采用了一种比较独特的技术 VFAT 来解决长文件名等问题。FAT16 分区格式存在严重的缺点：大容量磁盘利用效率低。在微软的 DOS 和 Windows 系列中，磁盘文件的分配以簇为单位，一个簇只分配给一个文件使用，不管这个文件占用整个簇容量的多少。这样，即使一个很小的文件也要占用一个簇，剩余的簇空间便全部闲置，造成磁盘空间的浪费。

由于分区表容量的限制，FAT 16 分区创建得越大，磁盘上每个簇的容量也越大，从而造成的浪费也越大。所以，为了解决这个问题，微软推出了一种全新的磁盘分区格式 FAT 32，并在 Windows 95 及以后的 Windows 版本中提供支持。

2. FAT 32 文件系统

FAT 32 文件系统是 FAT 系列文件系统最后一个产品。和 FAT 16 一样，这种格式采用 32 位的文件分配表，磁盘的管理能力大大增强，突破 FAT16 2GB 的分区容量的限制。由于现在硬盘生产成本下降，其容量越来越大，运用 FAT 32 分区格式后，可以将一个大硬盘定义成一个分区，这大大方便了对磁盘的管理。

FAT 32 推出时，主流硬盘空间并不大，所以微软设计在一个不超过 8GB 的分区中，FAT 32 分区格式的每个簇都固定为 4KB，与 FAT 16 相比，大大减少了磁盘空间的浪费，这就提高了磁盘的利用率。但是，这种分区格式也有它明显的缺点，首先是由于文件分配表的扩大，运行速度比 FAT 16

格式要慢，性能差别更明显。FAT 32 的限制：

- 最大的限制在于兼容性方面，FAT 32 不能保持向下兼容。
- 当分区小于 512MB 时，FAT 32 不会发生作用。
- 单个文件不能大于 4GB。

3．NTFS 文件系统

NTFS 文件系统是 Windows NT 以及之后的 Windows 2000、Windows XP、Windows Server 2003、Windows Server 2008、Windows Vista 和 Windows 7 的标准文件系统。

NTFS 取代了文件分配表（FAT）文件系统，为 Microsoft 的 Windows 系列操作系统提供文件系统。NTFS 对 FAT 和 HPFS（高性能文件系统）做了若干改进，如支持元数据，并且使用了高级数据结构，以便于改善性能、可靠性和磁盘空间利用率，并提供了若干附加扩展功能，如访问控制列表（ACL）和文件系统日志。

由于 NTFS 文件系统的详细定义属于商业秘密，Microsoft 已经将其注册为知识产权产品。就其安全性来说，基本上是 FAT > FAT32 > NTFS 。

5.3　加密文件系统 EFS

1．什么是加密文件系统

保护好数据最好的方法是给数据加密。Windows 平台中提供了一种给数据加密的快捷方法——EFS。只需要存储数据所在的分区是用 NTFS 加密，那么就可以使用 EFS 给文件夹或者文件进行加密。正如设置其他任何属性（如只读、压缩或隐藏）一样，通过为文件夹和文件设置加密属性，可以对文件夹或文件进行加密和解密。如果加密一个文件夹，则在加密文件夹中创建的所有文件和子文件夹都自动加密。

Windows 2000 加密文件系统（Encrypting File System，EFS）让用户能够在本地计算机上给指定文件或文件夹加密，为本地存储的数据添加保护。EFS 自动为正在使用的文件加密并在文件存储时再次加密。除了为文件加密的用户和有 EFS 恢复证书管理员，其他人都无法读取这些文件。

EFS 对保护可能被盗的计算机，如笔记本电脑上的数据尤为有用。可在笔记本电脑上配置 EFS 以确保用户文档文件夹内的商业信息都已加密。即使有人想绕过 EFS 并试图使用低级磁盘工具读取信息，加密也能保护信息。由于加密机制已经内置在文件系统中，它的操作对用户是透明的而且很难攻击。

2．加密文件系统的功能

加密文件系统提供文件加密的功能。文件经过加密后，只有当初对其加密的用户或被授权的用户能够读取，因此可以提高文件的安全性。

注意，只有 NTFS 磁盘内的文件、文件夹才可以被加密，若将文件复制或移动到非 NTFS 磁盘内，则此新文件会被解密。另外，文件加密系统和压缩两个操作之间是互斥状态。如果要对已压缩的文件加密，则该文件会自动被解压；如果要对已加密的文件压缩，则该文件会自动被解密。

用户或应用程序想要读取加密文件时，系统会将文件由磁盘内读出，自动解密后提供给用户或应用程序使用，然而存储在磁盘内的文件仍然是处于加密的状态；而当用户或应用程序要将文件写入磁盘时，它们也会被自动加密后再写入磁盘内。这些操作针对用户都是透明的。

3．加密文件系统介绍

（1）文件系统。

操作系统中负责管理和存取文件信息的软件机构称为文件管理系统，简称文件系统。文件系统为用户提供了存取简便、格式统一、安全可靠的管理各种信息（文件）的方法。

（2）加密技术。

采用密码技术将信息隐蔽起来，使信息即使被窃取或截获，窃取者也不能了解信息的内容，从而保证了信息的安全。

（3）加密文件系统。

加密文件系统扩展了普通文件系统的功能，它以一种对用户透明的方式，为用户提供了一个将数据以加密方式存放的功能。

4．加密文件系统不同的加密方式

存储系统的加密可以分为三大类。

（1）文件加密方式。

最基本的文件加密方式是使用某种文件加密工具，它不需要操作系统支持。用户在访问加密过的文件的时候，需要使用工具对其先进行解密，使用完毕后再进行加密。这种烦琐的方式使得它在实际应用中缺乏足够的吸引力。而且这种方式由于需要用户参与较多，因此比较容易出错。如果用户遗忘了密码，文件内容将无法恢复，如果用户使用容易猜测的密码（用户通常倾向于使用比较容易记忆的口令，这往往是容易猜测的口令），就会增加非法访问者解密的可能性。

（2）存储介质加密方式。

存储介质加密方式通常在设备驱动程序层实现，由驱动程序透明地进行加解密工作。它们通常使用创建一个容器文件，通过某种机制在此容器文件中创建一个文件系统。整个容器文件作为一个虚拟分区被安装和使用。使用这种方式实现加密系统有 BestCrypt、PGPDisk 和 Linux cryptoloop。

（3）加密文件系统。

加密文件系统是在文件系统基础上实现加密功能。它和使用存储介质加密方式一样，能够提供对用户透明的文件加密功能。相对于使用存储介质加密方式，它的主要特点是可以支持文件粒度的加密。也就是说，用户可以选择对哪些文件加密。由于是直接在物理设备而不是在容器文件内创建文件系统，再加上不用对整个存储卷加密，加密文件系统就能够提供更好的性能。

5．加密文件系统注意事项

在使用加密文件和文件夹时，请记住下列信息：

（1）只有 NTFS 卷上的文件或文件夹才能被加密。由于 WebDAV 使用 NTFS，当通过 WebDAV 加密文件时需用 NTFS。

（2）被压缩的文件或文件夹不可以加密。如果用户标记加密一个压缩文件或文件夹，则该文件或文件夹将会被解压。

（3）如果将加密的文件复制或移动到非 NTFS 格式的卷上，该文件将会被解密。

（4）如果将非加密文件移动到加密文件夹中，则这些文件将在新文件夹中自动加密。然而，反向操作不能自动解密文件。

（5）无法加密标记为"系统"属性的文件，并且位于 systemroot 目录结构中的文件也无法加密。

（6）加密文件夹或文件不能防止删除或列出文件或文件夹表。具有合适权限的人员可以删除或列出已加密文件或文件夹表。因此，建议结合 NTFS 权限使用 EFS。

（7）在允许进行远程加密的远程计算机上可以加密或解密文件及文件夹。然而，如果通过网络打开已加密文件，通过此过程在网络上传输的数据并未加密。必须使用诸如套接字层/传输层安全（SSL/TLS）或 Internet 协议安全（IPSec）等其他协议通过有线加密数据。但 WebDAV 可在本地加密文件并采用加密格式发送。

5.4 安全项目实施方案

配置 Windows 文件加密，保护本地文件系统安全。

 **任务描述**

张明从学校毕业，分配至顶新公司网络中心，承担公司网络管理员工作，维护和管理公司中所有的网络设备。公司的办公网络中有 300 台办公用计算机，每台终端计算机安装了 Windows 系统。

为了使系统健康快速地运行，在每台计算机中启用了防火墙，设定了桌面系统运行的策略，并针对每个文件及文件夹都设置了加密措施，这些措施保证了在企业局域网中，每位人员有着自己的权限，可以访问不同级别的加密文件，运行在不同的策略级别上。所以，在此企业中，必须设置文件系统加密措施，来实现上述目标。

 **网络拓扑**

如图 5-1 所示的网络场景，为顶新公司网络中心办公网络连接场景，这里用 PC1 来存储数据，用 PC2 来做网络连接测试，连接到 PC1。

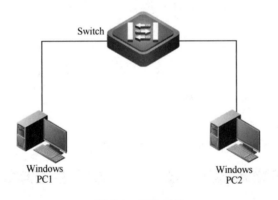

图 5-1 拓扑结构

其中：PC1 的 IP 地址为 10.1.1.1/24，PC2 的 IP 地址为 10.1.1.2/24。在 PC1 的 D 盘上建立数据存放目录 File，再在其目录下分别用 bob、Mary、Tim 身份建立子目录 Sales、Manager、Engineer 及其对应的文件。分别利用三个用户的身份针对三个目录进行 EFS 加密，在 PC2 连接到 PC1（利用前面已经设置好的文件共享权限），利用 bob 登录后，查看 bob 可以访问哪些目录，哪些文件。

【实训目标】

配置 Windows 文件加密，保护本地文件系统安全。

【设备清单】

计算机（2 台）；交换机（1 台）；网络线（若干根）；Windows XP（1 套）。

工作过程

步骤 1：创建系统账户

（1）创建多个 Windows 用户账户。

在 PC1 上创建 bob、Mary、Tim 三个用户，如图 5-2～图 5-4 所示。

图 5-2 新建 bob 账号   图 5-3 新建 Mary 账号

图 5-4 新建 Tim 账号

（2）创建 Windows 用户组。

在 PC1 上创建 Sales、Manager、Engineer 三个用户组，如图 5-5～图 5-7 所示。

图 5-5 新建 Sales 组   图 5-6 新建 Manager 组

图 5-7　新建 Engineer 组

（3）将不同用户加入到不同的用户组中。

将 bob、Mary、Tim 分别加入 Sales、Manager、Engineer 三个用户组中，如图 5-8～图 5-10 所示。

图 5-8　把 bob 加入 Sales 组

图 5-9　把 Mary 加入 Manager 组

图 5-10　把 Tim 加入 Engineer 组

步骤 2：根据不同的用户创建不同的文件夹

首先建立 File 文件夹并建立共享及共享权限，分别利用 bob、Mary、Tim 三个用户登录到 PC1

图 5-11 新建文件

上，分别建立 Sales、Manager、Engineer 三个文件夹。之后在三个文件夹下分别用三个账号建立三个文件。Sales.txt、Manager.bmp 及 Engineer.zip。这里以 bob 为例，如图 5-11 所示。

步骤 3：根据不同的系统账户对文件进行加密

在 PC1 上分别用 bob、Mary、Tim 登录，分别针对三个文件夹下的三个文件（Sales.Txt、Manager.bmp 及 Engineer.zip）进行 EFS 设置。以 bob 为例，在 Sales.txt 文件上右击，在弹出的快捷菜单中选择"属性"选项，弹出"高级属性"对话框，如图 5-12 所示。

选中"加密内容以便保护数据"复选框，单击"确定"按钮。发现 sales.bmp 文件变成了绿色，表示文件已经被加密，如图 5-13 所示。

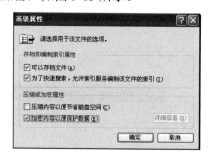

图 5-12 EFS 文件加密

图 5-13 加密后的文件

步骤 4：配置 NTFS 权限，提高文件安全

接下来，配置 EFS 与 NTFS 相结合，提高文件安全。设定 Sales 的 NTFS 权限是所有人允许读取的，但 bob 的权限是完全控制，如图 5-14 所示。

步骤 5：验证测试

（1）不同的用户通过网络访问不同文件夹。

在 PC2 上利用共享权限访问 PC1 上的 File 文件夹，如图 5-15 所示。

图 5-14 设置 bob 的 NTFS 权限

图 5-15 登录到 PC1

查看 PC1 上的 File 共享文件夹，如图 5-16 所示。

图 5-16　查看共享文件夹

通过 Mary 账户可以看见三个文件夹，表示 NTFS 权限没有限制 Mary 来查看这三个文件夹，接下来访问 Sales 文件夹。

（2）查看其访问的状态。

打开 Sales 文件夹，可以看到 Sales.txt 文件，双击此文件。发现弹出警告对话框 ，如图 5-17 和图 5-18 所示。

图 5-17　查看 Sales 文件夹　　　图 5-18　运行并查看 Sales.txt 文件

（3）了解 EFS 加密文件系统。

全局地看一下 NTFS，共享权限及 EFS 权限。

① 可以看到 Files 文件夹并且能访问到共享文件夹 Files，原因是设置 File 文件夹共享权限时没有限制其读取权限。

② 打开三个文件夹，并且可以分别看见三个文件夹里的文件，表示这三个文件夹并没有限制其 bob、Mary 及 Tim 浏览。

③ 双击 sales.txt 弹出"拒绝访问"提示信息，并不是 NTFS 起了作用，再设置 Sales 文件夹时并没有拒绝 Mary 的读取。

④ 但文件无法打开，拒绝访问，这里起作用的是 EFS。在 EFS 中，谁建立的用户谁就可以访问，即 bob 建立了 sales.txt 文件，那么只有 bob 可访问此文件，别人都访问不了。

项目六 保护网络设备控制台安全

核心技术

◆ 使用网络互联设备控制台安全

学习目标

◆ 管理网络设备控制台安全
◆ 了解网络管理设备远程登录安全
◆ 配置远程登录设备安全

6.1　管理网络设备控制台安全

对于大多数企业内部网络来说，连接网络中各个结点的互联设备，是整个网络规划中最需要重要保护的对象。大多数网络都有一两个主要的重要的接入点。对这个接入点的破坏，直接造成整个网络瘫痪。如果网络内部的互联设备没有很好的安全防护措施，来自网络内部的攻击或者恶作剧式的破坏，对网络的打击是最致命的。因此设置恰当的网络设备防护措施，是保护网络安全的重要手段之一。

据国外调查显示，80%的安全破坏事件都是由薄弱的口令引起的，因此为安装在网络中每台互联设备，配置一个恰当口令，是保护企业内部网络不受侵犯，实施网络安全措施的最基本保护。

6.1.1　管理交换机控制台登录安全

交换机是企业网中直接连接终端计算机的最重要网络互联设备，在企业内网络中承担终端设备的接入功能。交换机的控制台在默认情况下是没有口令的，如果网络中有非法者连接到交换机的控制口（Console），就可以像管理员一样任意窜改交换机的配置，为网络的安全带来隐患。从保护网络安全的角度考虑，所有的交换机控制台都应当根据用户管理权限不同，配置不同特权访问权限。

如图 6-1 所示是大楼中一台接入交换机设备，负责大楼中各个办公室计算机的接入功能。为保护大楼中的网络设备的安全，需要给交换机配置管理密码（控制台密码），以禁止网络中非授权用户的访问控制。

给交换机配置控制台密码，需要使用一根配置线缆，连接到交换机的配置端口（Console），另一端连接到配置计算机的串口（Com1）（或者 USB 端口上，需要相应的 USB 端口线缆以及安装相应的驱动程序），连接拓扑如图 6-1 所示。

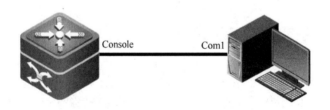

图 6-1　配置交换机设备控制台安全

通过案例 6-1 命令格式，配置登入交换机控制台特权密码。

案例 6-1：配置交换机控制台密码

```
Switch >
Switch # configure terminal
Switch(config)#enable secret level 1 0 ruijie        ! 配置交换机登录密码
Switch (config)#enable secret level 15 0 ruijie      ! 配置进入特权模式密码
! 其中 15 表示口令所适用特权级别
! 0 表示输入明文形式口令，1 表示输入密文形式口令
```

配置完成的密码，在退出到交换机的普通用户模式后，立即生效。再次使用"enable"命令进入交换机时，需要使用以上配置的密码才能进入。

在配置模式下，使用"No enable secret "命令，可以清除以上配置的密码。

6.1.2 管理路由器控制台安全

路由器通常安装在内网和外网的分界处，是网络的重要连接关口。在和外部网络的接入方面，由于路由器直接和其他互联设备相连的重要网络设备，控制着其他网络设备的全部活动，因此具有比交换机更为重要的安全地位。

新安装的路由器设备控制台也没有任何安全措施。默认配置情况下也是没有口令，从维护网络整体安全的措施出发，应当立即为设备配置控制台和特权级口令。

配置路由器设备控制台安全连接拓扑，如图 6-2 所示，通过案例 6-2 命令格式，配置登入路由器控制台特权密码。

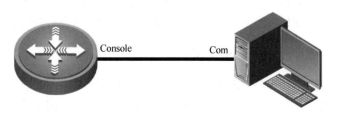

图 6-2 配置路由器设备控制台安全

案例 6-2：配置路由器控制台密码

```
Router # configure terminal
Router (config) # enable password ruijie        ! 表示输入的是明文形式的口令
Router (config) # enable secret ruijie          ! 表示输入的是密文形式的口令
```

在同一台设备上，如果同时启用和配置两种类型密码，则密文格式的 Secret 模式具有启用的优先权，立即生效。

在配置模式下，使用" No enable password "或者"No enable secret"命令，可以清除以上配置的密码。

6.2 网络管理设备远程登录安全

通过前面的学习知道，可以用 Console 线来进行本地计算机和交换机之间直接连接访问，但是现实工作中绝大部分时间不是这样的。如需要管理的交换机不在本地，在网络中的远程，怎么办？使用一根超长的 Console 线？这都不现实，因此就要学习另一种管理交换机的方法——远程登录管理。

远程登录（Telnet）是指一个网络中的计算机根据 TCP/IP 协议，通过传输线路远程登录到网络中到另外一台计算机上，远程控制计算机操作，实行交互性的信息资源共享。

6.2.1 什么是远程登录技术

Telnet 远程登录是计算机网络发展早期使用的一项功能，在网络发展初期，计算机还十分少见，配置较差，功能有限，人们希望找到一种方法，以便可以把一台台小型计算机与一台大型、高档的计算机主机连接到一起，Telnet 便应运而生。人们把这种将自己的计算机连接到远程计算机的操作方式称为"登录"，称这种登录的技术为 Telnet（远程登录）。

Telnet 的方式一旦连接上，本地的计算机就仿佛是这些远程大型计算机上的一个终端，自己就仿佛坐在远程大型机的屏幕前一样输入命令，运行大机器中的程序。

在网络中的网络互联设备管理工作中，人们也采用这种远程登录方式，通过接入本地网络中的某一台计算机，登录到网络中的某一台网络管理设备，使自己的计算机成为远程网络设备的管理终端。这样，网络管理人员不用直接连接网络设备，就能配置、管理，排除网络故障，提高网络管理的效率。

6.2.2　管理交换机设备远程登录安全

除通过 Console 端口与设备直接相连管理网络设备之外，用户还可以通过本地计算机上的 Telnet 程序，使用网线，与交换机 RJ45 端口建立远程连接，以方便管理员从远程登录交换机管理设备。

第一次配置交换机或者路由器设备，必须通过 Console 端口进行配置。在对网络设备进行初次配置后，希望以后在出差途中时或在远程办公室中，也可以对企业网中的网络互联设备进行远程管理，需要在交换机上进行适当配置，用户就可以使用 Telnet 方式，远程登录设备，实现网络互联设备的远程管理和访问。

为了实现远程登录，必须为交换机设置一个 IP 地址才行，注意：这里设置的 IP 地址只是为了远程管理，在本地局域网中并没有什么特别的含义。在交换机中，这个 IP 地址接口是一个虚拟接口，称为 VLAN 。而交换机在工作时，本身就连接着许多的网线，就给远程管理提供了条件。换句话说，只要交换机连接到因特网，那么在任何一台联网的计算机上都可以登录管理。

通过远程方式对网络设备进行配置，不仅需要知道网络设备远程登录 IP 地址，还需要通过配置密码口令，从而实现对远程来访的用户进行鉴别。

因此配置交换机的远程登录拓扑如图 6-3 所示，配置过程可分为两个过程，通过案例 6-3 命令格式，配置远程登录安全。

图 6-3　配置交换机设备远程登录安全

案例 6-3：配置交换机设备远程登录安全

```
Switch # configure terminal
Switch (config)#interface vlan 1                    !配置远程登录交换机的管理地址
Switch (config-if)#ip address 192.168.1.1 255.255.255.0
Switch (config-if)#no shutdown
Switch (config-if)#exit
!如果管理员计算机在其他 VLAN，则需要给相应的 VLAN 配置 IP 地址。
Switch(config)# enable password ruijie               !设置进入特权模式的密码 ruijie
Switch(config)#line vty 0 4                           !设备远程登录线程模式
Switch(config-line)#password ruijie                  !配置进入远程登录的密码 ruijie
Switch(config-line)#login                             !启用本地认证
Switch(config-line)#end
!vty 是远程登录的虚拟端口，0 4 表示可以同时打开 5 个会话
!line vty 0 4是进入 vty 端口，对 vty 端口进行配置
```

测试的方法：

（1）给配置计算机配置和交换机的 VLAN1 相同网段的 IP 地址，如 192.168.1.2/24；

（2）打开计算机的 DOS 命令环境："程序" → "运行" → 输入 "CMD" 命令；

（3）在计算机的 DOS 环境输入命令：Telnet　192.168.1.1。

```
PC>telnet 192.168.1.1
Trying 192.168.1.1 ...Open
User Access Verification
Password:                        ！提醒输入，进入远程登录密码，已设置为 ruijie
Switch>enable
Password:                        ！提醒输入，进入特权模式的秘密，已设置为 ruijie
Switch#
```

6.2.3　管理路由器设备远程登录安全

配置路由器设备的远程登录拓扑如图 6-4 所示，配置过程可分为两个过程，通过案例 6-4 命令格式，配置远程登录安全。

图 6-4　配置路由器设备远程登录安全

案例 6-4：配置路由器设备远程登录安全

```
Router # configure terminal
Router (config)#interface fa0/0                  ！配置路由器接口的管理地址
Router (config-if)#ip address 192.168.1.1  255.255.255.0
Router (config-if)#no shutdown
Router (config-if)#exit
 ！如果管理员在网络中任意位置，必须通过路由器连接到该接口
Router(config)# enable password ruijie           ！设置进入特权模式的密码 ruijie
Router(config)#line vty 0 4                       ！设备远程登录线程模式
Router(config-line)#password ruijie               ！配置进入远程登录的密码 ruijie
Router(config-line)#login                         ！启用本地认证
Router(config-line)#end
 ！vty 是远程登录的虚拟端口，0 4 表示可以同时打开 5 个会话
 ！line vty 0 4 是进入 vty 端口，对 vty 端口进行配置
```

测试远程登录路由器安全的方法同交换机远程登录安全过程。

6.3　配置远程登录设备安全

在目前实际的网络运行环境中，网络设备的管理可以说是最薄弱的一个环节。

大家对网络病毒、网络欺骗、扫描等攻击会比较重视，因为这些病毒或攻击的影响力比较容易显现出来。其实一旦攻击者成功登录到网络设备上（交换机、路由器、防火墙、IDS/IPS 等），那么，此前在这些设备上所作的任何安全防范措施都将化为乌有，因此必须高度重视网络设备的安全管理。

为此，在交换机设备的安全管理上，还通过检查来访者的 IP 地址，来进行更为细致的访问控制。可以为 Telnet 或 Web 的访问方式，配置一个或多个合法的访问 IP 地址，只有使用这些合法 IP 地址的用户，才能使用 Telnet 或 Web 方式远程登录交换机，使用其他的 IP 地址访问都将被交换机拒绝。

6.4 安全项目实施方案

配置交换机远程登录安全。

 任务描述

张明从学校毕业，分配至顶新公司网络中心，承担公司网络管理员工作，维护和管理公司中所有的网络设备。

张明上班后，发现公司网络内部管理的网络设备离办公地点很远，就决定给办公网的互联设备配置远程登录功能，这样在本地办公室中就可以远程管理办公网中网络设备。

 网络拓扑

如图 6-5 所示的场景，为张明办公地点和远程交换机设备连接场景，需要登录交换机设备配置交换机远程登录功能。

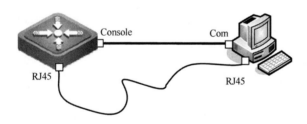

图 6-5 配置办公室交换机远程登录功能

【实训目标】
配置交换机远程登录安全。
【设备清单】
计算机、交换机、网线、配置线缆。

 工作过程

步骤 1：组建网络场景
如图 6-5 所示，按照拓扑结构连接办公中的网络设备，注意接口连接的标识。
使用配置线缆，连接交换机的配置端口和配置设备的串口。
配置计算机的仿真终端程序：开始→程序→附件→通信→仿真终端程序。

配置仿真终端程序的相关的参数，完成仿真终端设备的参数配置。

步骤 2：配置交换机的远程登录

（1）配置交换机的管理地址信息：

```
Switch# config
Switch(config)# int  vlan 1
Switch(config)# ip address 192.168.1.1  255.255.255.0
Switch(config)#no shut
```

（2）配置交换机的远程登录密码：

```
Switch(config)#enable secret level 1 0 star
```

（3）配置交换机的管理设备密码：

```
Switch(config)#enable secret level 15 0 Star
```

（4）配置交换机的线程密码：

```
Switch(config)# line vty 0 4
Switch(config)# password star
Switch(config)# login
```

步骤 3：测试交换机远程登录功能

（1）配置客户设备的 IP 地址信息。

打开测试计算机，配置和交换机具有相同网段的 IP 地址信息，如：

```
192.168.1.2  255.255.255.0
```

（2）远程登录连接的交换机设备。

使用 CMD 命令，打开测试计算机的 DOS 命令管理状态，输入远程登录命令：

```
telnet  192.168.1.1
```

在系统提示的密码信息后，输入远程登录密码和配置密码即可。

项目七　保护交换机端口安全

核心技术

◆ 交换机端口安全

学习目标

◆ 交换机端口安全技术
◆ 交换机保护端口安全技术
◆ 交换机端口阻塞安全技术
◆ 交换机端口镜像安全技术

7.1 交换机端口安全技术

交换机在企业网中占有重要的地位，交换机的端口是连接网络终端设备重要关口，加强交换机的端口安全是提高整个网络安全的关键。在一个交换网络中，如何过滤办公网内的用户通信，保障安全有效的数据转发？如何阻挡非法用户，网络安全应用？如何进行安全网络管理，及时发现网络非法用户、非法行为及远程网络管理信息的安全性……都是网络构建人员首先需要考虑的问题。

默认情况下交换机所有端口都是完全敞开，不提供任何安全检查措施，允许所有数据流通过。因此为保护网络内用户安全，对交换机的端口增加安全访问功能，可以有效保护网络安全。交换机的端口安全是工作在交换机二层端口上一个安全特性，它主要有以下功能。

（1）只允许特定 MAC 地址的设备接入到网络中，防止非法或未授权设备接入网络。

（2）限制端口接入的设备数量，防止用户将过多的设备接入到网络中。

7.1.1 交换机端口安全技术

大部分网络攻击行为都采用欺骗源 IP 或源 MAC 地址方法，对网络核心设备进行连续数据包的攻击，从而耗尽网络核心设备系统资源，如典型的 ARP 攻击、MAC 攻击、DHCP 攻击等。这些针对交换机端口产生的攻击行为，可以启用交换机的端口安全功能来防范。

1. 配置端口安全地址

通过在交换机某个端口上配置限制访问 MAC 地址以及 IP（可选），可以控制该端口上的数据安全输入。当交换机的端口配置端口安全功能后，设置包含有某些源地址的数据是合法地址数据后，除了源地址为安全地址的数据包外，这个端口将不转发其他任何包。为了增强网络的安全性，还可以将 MAC 地址和 IP 地址绑定起来，作为安全接入的地址，实施更为严格的访问限制，当然也可以只绑定其中一个地址，如只绑定 MAC 地址而不绑定 IP 地址，或者相反，如图 7-1 所示。

2. 配置端口安全地址个数

交换机的端口安全功能还表现在，可以限制一个端口上能连接安全地址的最多个数。如果一个端口被配置为安全端口，配置有最多的安全地址的连接数量，当其上连接的安全地址的数目达到允许的最多个数，或者该端口收到一个源地址不属于该端口上的安全地址时，交换机将产生一个安全违例通知。

非授权用户　　　　　授权用户

图 7-1　非授权用户无法接入访问网络

交换机的端口安全违例产生后，可以选择多种方式来处理违例：如丢弃接收到的数据，发送违例通知或关闭相应端口等。如果将交换机上某个端口只配置一个安全地址时，则连接到这个端口上的计算机（其地址为配置的安全地址）将独享该端口的全部带宽。

3．端口安全检查过程

当一个端口被配置成为一个安全端口后，交换机不仅将检查从此端口接收到的帧的源 MAC 地址，还检查该端口上配置的允许通过的最多的安全地址数。

如果安全地址数没有超过配置的最大值，交换机会检查安全地址表。若此帧的源 MAC 地址没有被包含在安全地址表中，那么交换机将自动学习此 MAC 地址，并将它加入到安全地址表中，标记为安全地址，进行后续转发；若此帧的源 MAC 地址已经存在于安全地址表中，那么交换机将直接转发该帧。安全端口的安全地址表项既可以通过交换机自动学习，也可以手工配置。配置端口安全存在以下限制：

（1）一个安全端口必须是 Access 端口，及连接终端设备端口，而非 Trunk 端口。

（2）一个安全端口不能是一个聚合端口（Aggregate Port）。

7.1.2　配置端口最大连接数

最常见的对交换机端口安全的理解，就是根据交换机端口上连接设备的 MAC 地址，实施对网络流量的控制和管理。例如，限制具体端口上通过的 MAC 地址的最多连接数量，这样可以限制终端用户，非法使用集线器等简单的网络互联设备，随意扩展企业内部网络的连接数量，造成网络中流量的不可控制，增大网络的负载。

要想使交换机的端口成为一个安全端口，需要在端口模式下，启用端口安全特性：

```
switchport port-security
```

当交换机端口上所连接安全地址数目达到允许的最多个数，交换机将产生一个安全违例通知。启用端口安全特性后，使用如下命令为端口配置允许最多的安全地址数：

```
switchport port-security maximum number
```

在默认情况下，端口的最多安全地址个数为 128 个。

当安全违例产生后，可以设置交换机，针对不同的网络安全需求，采用不同安全违例的处理模式，其中：

（1）Protect：当所连接端口通过安全地址，达到最大的安全地址个数后，安全端口将丢弃其余未知名地址（不是该端口的安全地址中任何一个）数据包，但交换机将不作出任何通知以报告违规的产生。

（2）RestrictTrap ：当安全端口产生违例事件后，交换机不但丢弃接收到的帧（MAC 地址不在安全地址表中），而且将发送一个 SNMP Trap 报文，等候处理。

（3）Shutdown ： 当安全端口产生违例事件后，交换机将丢弃接收到的帧（MAC 地址不在安全地址表中），发送一个 SNMP Trap 报文，而且将端口关闭，端口将进入 "err-disabled" 状态，之后端口将不再接收任何数据帧。

从特权模式开始，通过以下步骤配置安全端口和违例处理方式。

```
switchport port-security   ! 打开接口的端口安全功能
switchport port-security maximum value
! 设置接口上安全地址最多个数，范围是 1～128，默认值为 128
switchport port-security violation {protect | restrict | shutdown}
! 设置接口违例方式，当接口因为违例而被关闭后选择方式
```

```
Show port-security interface [interface-id]    !验证配置
No swithcport port-security                    !关闭接口端口安全功能
No swithcport port-security maximum            !恢复交换机端口默认连接地址个数
No swithcport port-security violation          !将违例处理置为默认模式
```

如图 7-2 所示，配置交换机 FastEthernet 0/3 接口安全端口功能：设置最多地址个数为 4，设置违例方式为 protect。案例 7-1，说明如何配置端口安全的实施过程。

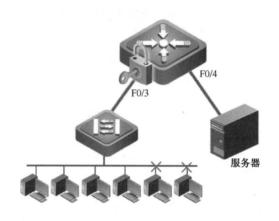

图 7-2　配置交换机端口安全

案例 7-1：配置交换机端口安全

```
Switch# configure terminal
Switch (config) # interface  FastEthernet 0/3
Switch (config-if) # switchport  port-security
Switch (config-if) # switchport  port-security  maximum 4
Switch (config-if) # switchport  port-security  violation  protect
Switch (config-if) # end
```

限制接入交换机端口连接的最多终端数量，是实施企业网络内部交换机安全，最常采用的安全措施之一，默认配置如表 7-1 所示。

表 7-1　交换机端口安全的默认设置

交换机端口安全内容	端口安全的默认设置
端口安全开关	所有端口均关闭端口安全功能
最大安全地址个数	128
安全地址	无
违例处理方式	保护（protect）

在交换机一个百兆接口上，最多可以支持 128 个 IP 地址和 MAC 地址的安全地址。但是同时申明 IP 地址和 MAC 地址安全地址限制，会占用交换机的硬件系统资源，影响设备的工作效率。此外在交换机的端口上，如果还实施访问控制列表 ACL 检查技术，则相应端口上所能通过的安全地址个数还将减少。

建议安全端口上的安全地址特征保持一致：或者全是绑定 IP 安全地址，或者都不绑定 IP 安全地址。如果一个安全端口上同时绑定两种格式的安全地址，则不绑定 IP 地址的安全地址将失效（绑定 IP 安全地址优先级更高）。想使端口上不绑定 IP 安全地址生效，必须删除端口上所有绑定 IP 安全地址配置。

7.1.3　绑定端口安全地址

实施交换机端口安全的管理，还可以根据 MAC 地址限制端口接入，实施网络安全。例如，把接入主机的 MAC 地址与交换机相连的端口绑定。通过在交换机的指定端口上限制带有某些接入设备的 MAC 地址帧流量通过，从而实现对网络接入设备的安全控制访问目的。

当需要手工指定静态安全地址时，使用如下命令配置：

```
switchport port-security mac-address mac-address
```

在默认情况下，手工配置安全地址将永久存在安全地址表中。预先知道接入设备的 MAC 地址，可以手工配置安全地址，以防非法或未授权的设备接入到网络中。

当主机的 MAC 地址与交换机连接端口绑定后，交换机发现主机 MAC 地址与交换机上配置 MAC 地址不同时，交换机相应的端口将执行违例措施，如连接端口 Down 掉。

在交换机上配置端口安全地址的绑定操作，通过以下命令和步骤手工配置。

```
Switchport port-security mac-address mac-address   [ip-address ip-address]
! 手工配置接口上的安全地址
Switch (config-if)#switchport port-security mac-address 00-90-F5-10-79-C1
! 配置端口的安全 MAC 地址
Switchport port-security maximum 1                 !限制此端口允许通过 MAC 地址数为 1
Switchport port-security violation shutdown        !当配置不符时端口 down 掉
Show port-security address                         !验证配置
No switchport port-security mac-address mac-address          !删除该接口安全地址
```

案例 7-2 说明在交换机的接口 GigabitEthernet 1/3 上配置安全端口功能：为该接口配置一个安全 MAC 地址：00d0.f800.073c，并绑定 IP 地址：192.168.12.202。

案例 7-2：配置交换机端口安全

```
Switch # configure terminal
Switch (config#  interface GigabitEthernet 1/3
Switch (config-if) # switchport port-security
Switch ( config-if ) #switchport port-security mac-address  00d0.f800.073c
ip-address 192.168.12.202
Switch (config-if) #  end
```

在默认情况下，交换机安全端口自动学习到和手工配置的安全地址都不会老化，永久存在，使用如下命令可以配置安全地址的老化时间：

```
Switchport port-security aging { time time | static }
```

如果此命令指定了 static 关键字，那么老化时间也将会应用到手工配置的安全地址；在默认情况下，老化时间只应用于动态学习到的安全地址，手工配置的安全地址永久存在。

当交换机安全端口的安全地址数到达最大值后，此时如果收到了一个源 MAC 地址不在安全地址表中的帧时，将发生地址违规。当发生地址违规时，交换机可以进行多种操作，使用如下命令可以配置地址违规的操作行为：

```
Switchport port-security violation { protect | restrict | shutdown }
```

在默认情况下，地址违规操作为 protect。

当地址违规操作为 shutdown 关键字时，交换机将丢弃接收到的帧（MAC 地址不在安全地址表中），发送一个 SNMP Trap 报文，而且将端口关闭，端口将进入 "err-disabled" 状态，然后端口将不再接收任何数据帧。

当端口由于违规操作而进入"err-disabled"状态后，必须在全局模式下使用如下命令手工将其恢复为 UP 状态：

```
errdisable recovery
```

使用如下命令可以设置端口从"err-disabled"状态自动恢复所等待的时间，当指定的时间到达后，"err-disabled"状态的端口将重新进入 UP 状态：

```
errdisable recovery interval time
```

案例 7-3 说明如何将由于违例操作造成的交换机端口关闭操作，重新恢复的配置操作。

案例 7-3：恢复由于违例而关闭的安全端口

```
Switch#configure
Switch(config)#interface fastEthernet 0/1
Switch(config-if)#switchport port-security
Switch(config-if)#switchport port-security mac-address 0001.0001.0001
Switch(config-if)#switchport port-security maximum 1
Switch(config-if)#switchport port-security violation shutdown
Switch(config-if)#end
Switch# show port-security interface fastEthernet 0/1
…… ……
Switch(config)#interface fastEthernet 0/1
Switch(config-if)# errdisable recovery
Switch(config-if)#end
```

当配置完端口安全特性后，使用如下命令查看端口安全配置以及安全端口状态信息：

```
show port-security
```

查看端口安全配置及安全端口信息，可以使用"show"命令查看接口安全信息。

```
Switch#show port-security interface fastEthernet 0/1
Interface : FastEthernet 0/1
Port Security : Enabled
Port status : down
Violation mode : Shutdown
Maximum MAC Addresses : 1
Total MAC Addresses : 1
Configured MAC Addresses : 1
Aging time : 0 mins
SecureStatic address aging : Disabled
Switch#show port-security address
Vlan  Mac Address  IP Address  Type      Port       Remaining Age(mins)
-----------------------  -----------------------------------
  1  0001.0001.0001           Configured FastEthernet 0/1       -
```

7.2 交换机保护端口安全技术

交换机的端口安全是实施交换机安全关键技术，加强接入交换机的端口安全，是提高整个网络安全的关键。对交换机的端口增加安全访问功能，可以有效保护网络的安全。加载在交换机端口上的安全技术，除交换机的安全端口技术之外，还包括交换机的保护端口技术。交换机的保护端口和端口安全一样，在园区网内有着比较广泛的应用。

在某些应用环境下，一个局域网内有时也希望用户不能互相访问，例如，小区用户至今互相隔离，学生机房的考试环境学生机器的互相隔离等，都要求一台交换机上的有些端口之间不能互相通信，但只能和网关进行通信。在这种环境下，交换机可以使用保护端口的端口隔离技术来实现，保护端口可以确保同一交换机上的端口之间互相隔离，不进行通信。

7.2.1 保护端口工作原理

保护端口是在接入交换机上实施的一项基于端口的流量控制功能，它可以防止数据在端口之间被互相转发，也就是阻塞端口之间的通信。保护端口功能将这些端口隔离开，防止数据在端口之间被转发。所以如果希望阻塞端口之间的通信，需要将端口都设置为保护端口。配置有保护端口交换机，其保护端口之间无法进行通信，但保护端口与非保护端口之间的通信将不受影响，如图 7-3 所示。保护端口特性可以工作在聚合端口（Aggregated Port）上，当一个聚合端口被配置为保护端口时，它的所有成员端口也将被设置为保护端口。

保护端口之间的单播帧、广播帧及组播帧都将被阻塞，所有保护端口之间的数据，保护端口不向其他保护端口转发任何信息，包括单播、多播和广播包。传输不能在第二层保护端口间进行，所有保护端口间的传输都必须通过第三层设备转发，如图 7-4 所示。

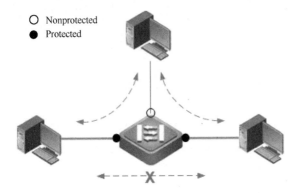

图 7-3 保护端口之间互相隔离

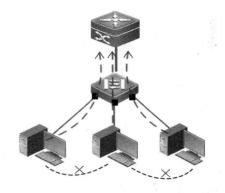

图 7-4 保护端口之间通过三层设备转发

7.2.2 配置保护端口

当将某些端口设为保护端口之后，保护端口之间互相无法通信，保护端口与非保护端口之间可以正常通信，它们之间的传输不受任何影响。保护端口的配置相对较简单，在接口模式下使用如下命令，可以将端口配置为保护端口：

```
Switchport protected
```

其他配置交换机保护端口技术实施如下：

```
Switchport protected                              ！将该接口设置为保护口
Switch (config-if) #no switchport protected       ！将选定的端口取消保护模式
Show  interfaces switchport                        ！验证配置
```

案例 7-4 说明如何将交换机端口配置保护端口，实现它们之间的隔离访问。

案例 7-4：配置接入交换机的保护端口

```
Switch#configure
Switch(config)#interface fastEthernet 0/1
```

```
Switch(config-if)#switchport protected
Switch(config-if)#end
```

使用如下命令可以查看保护端口的配置信息：

```
show interface switchport
```

可以使用以下命令，查看保护端口配置信息：

```
Switch#show interfaces switchport
Interface  Switchport Mode   Access     Native  Protected  VLAN lists
---------  -------------     ---------  ------------------  ----------
Fa0/1      Enabled           Access     1       1           Enabled  All
Fa0/2      Enabled           Access     1       1           Enabled  All
Fa0/3      Enabled           Access     1       1           Disabled All
Fa0/4      Enabled           Access     1       1           Disabled All
Fa0/5      Enabled           Access     1       1           Disabled All
Fa0/6      Enabled           Access     1       1           Disabled All
Fa0/7      Enabled           Access     1       1           Disabled All
Fa0/8      Enabled           Access     1       1           Disabled All
Fa0/9      Enabled           Access     1       1           Disabled All
Fa0/10     Enabled           Access     1       1           Disabled All
Fa0/11     Enabled           Access     1       1           Disabled All
Fa0/12     Enabled           Access     1       1           Disabled All
```

注意：

（1）保护端口只对同一 VLAN 内端口有效，对不同 VLAN 端口无效。因为不同 VLAN 访问都需要路由技术实现，相同 VLAN 内保护端口是不能访问。

（2）交换机的两个端口都设置为 Protected 模式后，才能实现保护端口间不能通信。若交换机两个端口，一个设置为 Protected 保护模式，另一个端口未设置为 Protected 保护模式，则这两个端口依然能正常通信。

（3）受保护端口通常用于 Access 端口，用来隔离用户。

（4）两个保护端口若要通信，则通过第三层网络设备。

7.3 交换机端口阻塞安全技术

7.3.1 端口阻塞工作原理

交换机在进行数据转发时，通过查找 MAC 地址表来决定应该将数据发往哪个端口。对于广播帧，交换机将数据转发到除接收端口以外的相同 VLAN 内的所有端口；对于未知（Unknown）目的 MAC 地址的单播帧和组播帧，交换机也将数据转发到除接收端口以外的相同 VLAN 内的所有端口。

网络中的攻击者可以利用交换机的这种转发机制，使用特定工具向网络中以非常高的速率，发送广播帧或未知目的 MAC 地址的帧，导致交换机向同一 VLAN 内的所有端口泛洪，消耗带宽和系统资源。为减少网络内部的广播报文，优化网络传输环境，可以使用交换机端口的阻塞技术，有效保护网络的安全。

交换机的端口阻塞是指在特定端口上，阻止广播、未知目的 MAC 单播或未知目的 MAC 组播帧，从这个端口泛洪出去，这样不仅节省了带宽资源，同时也避免了终端设备收到多余的数据帧。

此外,如果交换机的某个端口只存在手工配置的 MAC 地址,而且端口并没有连接任何所配置 MAC 地址以外的其他设备,那么就不需要将数据包泛洪到这个端口。

7.3.2 配置端口阻塞安全

在默认情况下,交换机的端口阻塞功能是关闭的,需要在接口模式下,使用如下命令手工开启该功能:

```
Storm-control { unicast | multicast | broadcast }
```

命令中的 unicast 关键字,表示阻塞未知目的 MAC 地址的单播帧;multicast 关键字表示阻塞未知目的 MAC 地址的组播帧;broadcast 关键字表示阻塞广播帧。需要注意的是:使用 broadcast 关键字和 multicast 关键字时需慎重,因为阻塞广播帧和组播帧可能会导致某些协议或应用不能正常工作,造成网络连通性中断。

如图 7-5 所示的网络场景,案例 7-5 说明如何将交换机端口配置端口阻塞,实现网络内部的传输的流程优化。

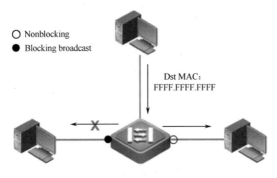

图 7-5 端口阻塞

案例 7-5:配置交换机的端口阻塞

```
Switch#configure
Switch(config)#interface fastEthernet 0/1
Switch(config-if)# Storm-control unicast
Switch(config-if)#end
Switch#
```

以下为查看配置完成的交换机的端口阻塞配置信息。

```
Switch#show interfaces fastEthernet 0/1
Interface   : FastEthernet100BaseTX 0/1
Description :
AdminStatus : up
OperStatus  : up
Hardware    : 10/100BaseTX
Mtu         : 1500
LastChange  : 0d:0h:0m:0s
AdminDuplex : Auto
OperDuplex  : Unknown
AdminSpeed  : Auto
OperSpeed   : Unknown
```

```
FlowControlAdminStatus : Off
FlowControlOperStatus  : Off
Priority   : 0
Broadcast blocked        :DISABLE
Unknown multicast blocked : DISABLE
Unknown unicast blocked  :ENABLE
```

7.4 交换机端口镜像安全技术

在日常进行的网络故障排查、网络数据流量分析的过程中，有时需要对网络中的接入或骨干交换机的某些端口进行数据流量监控分析，以了解网络中某些端口传输的状况，交换机的镜像安全技术可以帮助实现这一效果。通过在交换机中设置镜像（SPAN）端口，可以对某些可疑端口进行监控，同时又不影响被监控端口的数据交换，网络中提供实时监控功能。

大多数交换机都支持镜像技术，这可以实现对交换机进行方便的故障诊断。通过分析故障交换机的数据包信息，了解故障的原因。这种通过一台交换机监控同网络中另一台的过程，称为"Mirroring"或"Spanning"。

在网络中监视进出网络的所有数据包，供安装了监控软件的管理服务器抓取数据，了解网络安全状况，如网吧需提供此功能把数据发往公安部门审查。而企业出于信息安全保护公司机密的需要，也迫切需要端口镜像技术。在企业中用端口镜像功能，可以很好地对企业内部的网络数据进行监控管理，在网络出现故障的时候，可以进行故障定位。

7.4.1 什么是镜像技术

镜像（Mirroring）是将交换机某个端口的流量复制到另一端口（镜像端口），进行监测。

交换机的镜像技术（Port Mirroring）是将交换机某个端口的数据流量，复制到另一个端口（镜像端口）进行监测安全防范技术。大多数交换机都支持镜像技术，称为 Mirroring 或 Spanning，默认情况下交换机上的这种功能是被屏蔽的。

通过配置交换机端口镜像，允许管理人员设置监视管理端口，监视被监视的端口的数据流量。复制的镜像端口数据可以通过 PC 上安装网络分析软件查看，通过对捕获到的数据分析，可以实时查看被监视端口的情况。端口镜像拓扑如图 7-6 所示。

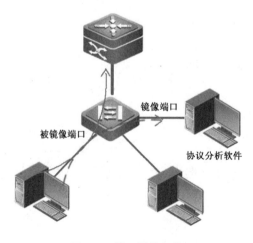

图 7-6　端口镜像拓扑

7.4.2 镜像技术别名

端口镜像可以让用户将所有的流量，从一个特定的端口复制到一个镜像端口。如果网络中的交换机提供端口镜像功能，则允许管理人员设置一个监视管理端口来监视被监视端口的数据。监视到的数据可以通过 PC 上安装的网络监控软件来查看，解析收到的数据包中的信息内容，通过对数据的分析，可以实时查看被监视端口的通信状况。

交换机把某一个端口接收或发送的数据帧完全相同地复制给另一个端口，其中：

（1）Port Mirroring：被复制的端口称为镜像源端口，通常指允许把一个端口的流量复制到另外一个端口，同时这个端口不能再传输数据。

（2）Monitoring Port：复制的端口称为镜像目的端口，也称为监控端口。

7.4.3 配置端口镜像技术

大多数三层交换机和部分二层交换机，都具备端口镜像功能，不同的交换机或不同的型号，镜像配置方法有些区别。在特权模式下，按照以下步骤可创建一个 SPAN 会话，并指定目的端口（监控口）和源端口（被监控口）。

```
Switch(config)# monitor session 1 source interface fastEthernet 0/10 both
!设置被监控口
!   both：镜像源端口接收和发出的流量，默认为both
Switch(config)# monitor session 1 destination interface fastEthernet 0/2
!设置监控口
Switch(config)#no monitor session session_number  !清除当前配置
Switch# show monitor session 1                           !显示镜像源、目的端口配置信息
```

如图 7-6 所示的网络场景，案例 7-6 说明如何在交换机上，创建一个 SPAN 会话 1，配置端口镜像，实现网络内部的数据通信的监控。

案例 7-6：配置交换机的端口镜像

```
Switch#configure
Switch(config)# no monitor session 1    ! 将当前会话 1 的配置清除
Switch(config)# monitor session 1 source interface FastEthernet0/1 both
! 设置端口 1 的 SPAN 帧镜像到端口 8
Switch(config)# monitor session 1 destination interface FastEthernet 0/8
! 设置端口 8 为监控端口，监控网络流量
Switch# show monitor session 1
......
```

7.5 安全项目实施方案（1）

实施交换机端口地址捆绑安全。

任务描述

张明从学校毕业，分配至顶新公司网络中心，承担公司网络管理员工作，维护和管理公司中所有的网络设备。

为了防止学校内部用户 IP 地址冲突，防止教师随意配置地址，接入外来主机，为每一位教师

分配固定的 IP 地址，并且限制只允许学校教师主机才可以使用网络，不得随意连接其他主机。如果某教师办公用的计算机分配的 IP 地址是 172.16.1.5/24，机器的 MAC 地址是 0090.210E.55A0。

张明从学校网络管理的安全性考虑，捆绑该教师的办公用计算机的 IP 地址以及 MAC 地址到接入交换机的对应的端口上。在学校的办公网交换机端口上，实施严格的端口访问权限控制，保护校园网的安全。

网络拓扑

如图 7-7 所示的网络拓扑，是学校办公网络场景。为了防止学校内部用户的 IP 地址冲突，防止学校内部的网络攻击和破坏行为，实施接入计算机 IP 地址、MAC 地址和交换机端口安全，保护校园网络接入安全。

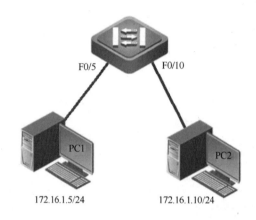

图 7-7　校园办公网络实施端口安全场景

【设备清单】

二层交换机（1 台），计算机（2 台）、网线（2 条）。

工作过程

步骤 1：安装网络工作环境

按图 7-7 所示的网络拓扑，连接设备，组建网络场景，注意设备连接接口编号。

步骤 2：IP 地址规划

按表 7-2 规划设置 PC1 和 PC2 地址信息。

表 7-2　办公网络地址规划

设 备 名 称	IP 地址	子 网 掩 码	网　关	备　注
PC1	172.16.1.5	255.255.255.0	无	Fa0/5 接口
PC2	172.16.1.10	255.255.255.0	无	Fa0/10 接口

步骤 3：测试网络连通性

（1）分别打开两台 PC "网络连接"属性窗口，选择"常规"选项卡中的"Internet 协议（TCP/IP）"项，单击"属性"按钮，配置规划好 IP 地址。

（2）配置地址后，使用 ping 命令，检查两台 PC 间连通情况。

在 PC1 上：单击"开始"菜单，选择"运行"选项，在打开"运行"对话框中，输入"CMD"

命令，转到 DOS 方式下，使用 ping 命令测试连通性。

```
ping 172.16.1.10
！由于交换机没有进行任何配置，网络内的两台 PC 之间能实现正常连通
```

步骤 4：配置交换机端口安全

（1）配置交换机端口最大连接数限制。

```
Switch#configure terminal
Switch(config)#interface range fastethernet 0/1-23
Switch(config-if-range)#switchport port-security
Switch(config-if-range)#switchport port-security maximum 1
Switch(config-if-range)#switchport port-security violation shutdown
```

（2）验证测试：查看交换机端口安全配置。

```
Switch#show port-security
……
```

（3）配置交换机端口的地址绑定。

查看主机 PC1 的 IP 和 MAC 地址，如图 7-8 所示。在 PC1 主机上打开 CMD 命令提示符窗口，执行"ipconfig/all"命令，查看 PC1 的 IP 和 MAC 地址信息：001B.2453.A88F。

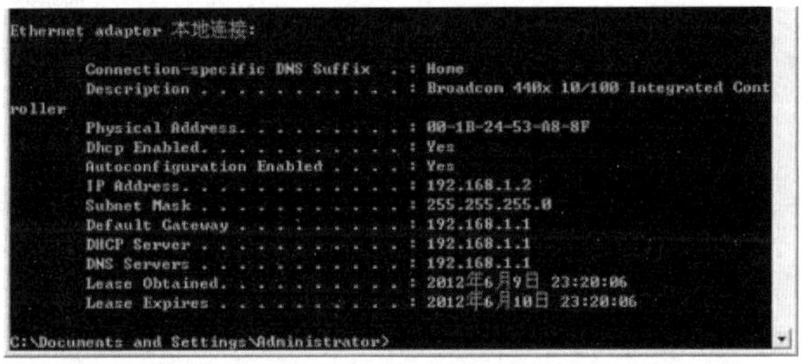

图 7-8　查看主机 PC1 的 IP 和 MAC 地址

（4）配置交换机端口的地址绑定。

```
Switch#configure terminal
Switch(config)#interface fastethernet 0/5
Switch(config-if)#switchport port-security
Switch(config-if)#switchport    port-security    mac-address    001B.2453.A88F
Ip-address 172.16.1.5              ！配置地址绑定
Switch(config-if)#no shutdown
```

（5）查看地址绑定配置。

```
Switch#show port-security address
```

步骤 5：测试网络（1）

使用表 7-2 的地址，测试网络连通。网络在实施交换机端口安全后，由于使用授权安全地址，因此网络保持连通。

```
ping 172.16.1.10
……
```

步骤 6：测试网络（2）

把图 7-4 拓扑中的两台 PC 互换，分别连接交换机对端接口后，测试网络。

由于交换机实施了端口安全，交换机 Fa0/5 配置端口安全，任何未授权 IP 和 MAC 地址都不允许接入网络。PC2 是非授权安全地址，不允许接入 Fa0/5 端口。所以测试结果表明无法实现网络正常通信。

```
ping 172.16.1.10
……
```

步骤 7：测试网络（3）

两台 PC 再次互换，恢复到各自连接交换机初始接口，再一次测试网络。

```
ping 172.16.1.10
……
```

由于交换机实施端口安全，交换机 Fa0/5 配置了端口安全，因为前面操作的违例，造成了端口的 Shutdown，所以测试结果 PC 间仍无法连通。

想再次开启 Fa0/5 端口恢复网络连通，使用"no shutdown"是不管用，必须在全局模式下，使用"errdisable recovery"命令，手工将其恢复为 UP 状态。

再次测试网络，网络能实现连通。

```
ping 172.16.1.10
!!!!!
```

步骤 8：查看验证

在特权模式开始，通过下面的命令，登录交换机，查看交换机端口安全的配置信息，测试为交换机配置的安全项目内容：

```
show port-security interface Fa0/5              ! 查看接口的端口安全配置信息
show port-security address                      ! 查看安全地址信息
Show port-security interface Fa0/5 address      ! 显示某个接口上的安全地址信息
Show port-security
! 显示所有安全端口统计信息，包括最大安全地址数，安全地址数以及违例处理方式等
```

7.6 安全项目实施方案（2）

实施交换机保护端口安全。

 任务描述

张明从学校毕业，分配至顶新公司网络中心，承担公司网络管理员工作，维护和管理公司中所有的网络设备。

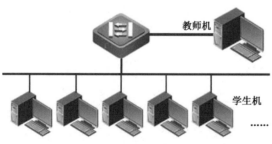

图 7-9 学校机房考试环境（1）

期末考试期间，学校需要在机房进行上机考试，机房的网络结构如图 7-9 所示。由二层交换机连接学生 PC 和教师机，学生 PC 考试期间，需要互相隔离，不允许相互访问，只能同教师机进行通信。在二层交换机上划分 VLAN，把每个端口加入不同 VLAN，不仅会浪费 VLAN 资源，也无法解决和教师机互通问题。解决此问题一个好办法就是采用保护端口技术。

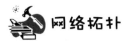 网络拓扑

在接入交换机上实施端口保护，将需要控制端口（连接学生 PC 端口）配置为保护端口，实现学生 PC 之间隔离；而连接教师机的端口不做配置，为非保护端口，学生 PC 可以和教师 PC 互访，拓扑结构如图 7-10 所示，其中 PC1、PC2 是学生机。

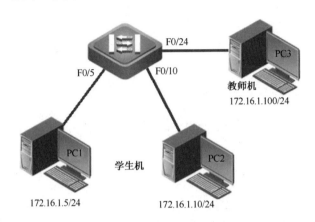

图 7-10　学校机房考试环境（2）

【设备清单】

二层交换机（1 台），计算机（3 台）、网线（3 条）。

 工作过程

步骤 1：安装网络工作环境

按图 7-10 所示的网络拓扑，连接设备，组建网络场景，注意设备连接接口编号。

步骤 2：IP 地址规划

按表 7-3 规划地址结构，设置 PC1、PC2 和 PC3 地址。

表 7-3　学校机房设备 IP 地址

设 备 名 称	IP 地址	子 网 掩 码	网　关	备　注
PC1	172.16.1.5	255.255.255.0	无	Fa0/5 接口
PC2	172.16.1.10	255.255.255.0	无	Fa0/10 接口
PC3（教师机）	172.16.1.100	255.255.255.0	无	Fa0/24 接口

步骤 3：测试网络连通性（1）

在 PC1 上，转到 DOS 环境，使用 ping 命令来测试到全网的互通性。

由于是交换机连接的交换网络，交换机未实施任何安全保护，以上测试均能连通。

步骤 4：配置交换机保护端口

交换机上配置端口保护，将交换机的端口 Fa0/1～Fa0/23 设置为保护端口。

```
Switch >enable
Switch(config)#configure terminal
Switch(config)#interface range fa 0/1-23
Switch (config-if-range)#switchport protected
Switch (config-if-range)#no shutdown
```

```
Switch (config-if-range)#end
Switch #
```

步骤 5：显示保护端口中的端口信息

```
Switch #show interfaces switchport
......
```

步骤 6：测试网络连通性（2）

在 PC1 上，转到 DOS 环境，使用 ping 命令来测试到全网的互通性。

由于是交换机的 Fa0/1～Fa0/23 端口，实施保护端口安全保护，测试结果是学生计算机之间互相隔离，但能和教师机连通。

```
ping  172.16.1.10        ！测试和学生机连接
…..
ping  172.16.1.100       ！测试和教师机连接
！！！！！
```

步骤 7：取消端口保护

```
Switch >enable
Switch(config)#configure  terminal
Switch(config)#interface range fa 0/1-23
Switch (config-if-range)# no switchport protected
Switch (config-if-range)#no shutdown
Switch (config-if-range)#end
```

步骤 8：测试网络连通性（3）

```
ping  172.16.1.10        ！测试和学生机连接
！！！！！
ping  172.16.1.100       ！测试和教师机连接
！！！！！
```

由于是交换机的 Fa0/1～Fa0/23 端口，取消了保护端口配置，测试结果是全网之间都能连通。

7.7 安全项目实施方案（3）

实施交换机端口镜像安全。

 任务描述

张明从学校毕业，分配至顶新公司网络中心，承担公司网络管理员工作，维护和管理公司中所有的网络设备。

学校的网络管理员张明发现最近一段时间，校园网络中有异常流量，严重影响了校园网络的传输效率。为了解网络的传输状况，需要对校园网络中的传输流量进行手动分析。

为了提高校园网络的安全，需要管理员进行手工分析的异常流量，因此配置校园网络的接入交换机端口镜像技术，将异常的流量镜像到管理员计算机上，然后抓取数据包，通过 Sniffer 数据包分析软件，实现网络的安全防范功能。

 **网络拓扑**

实施交换机端口镜像安全拓扑，如图 7-11 所示。

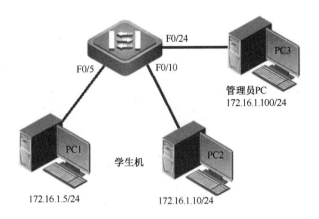

图 7-11 配置交换机端口镜像

【设备清单】

二层交换机（1 台），计算机（3 台）、Ethereal 抓包软件、网线（3 条）。

 工作过程

步骤 1：安装网络工作环境

按图 7-11 所示的网络拓扑，连接网络设备，组建网络场景，注意设备连接的接口编号。

步骤 2：IP 地址规划

按表 7-4 规划地址结构，设置 PC1、PC2 和 PC3 地址。

表 7-4 学校机房设备 IP 地址

设 备 名 称	IP 地址	子网掩码	网 关	备 注
PC1	172.16.1.5	255.255.255.0	无	Fa0/5 接口
PC2	172.16.1.10	255.255.255.0	无	Fa0/10 接口
PC3 教师机	172.16.1.100	255.255.255.0	无	Fa0/24 接口

步骤 3：测试网络连通性

在 PC1 上，转到 DOS 环境，使用 ping 命令来测试到全网的互通性。

由于是交换机连接的交换网络，交换机未实施任何安全保护，以上测试均能连通。

步骤 4：配置交换机镜像口

（1）使用下列命令配置交换机被监控端口和监控端口。

```
Switch #configure terminal
Switch (config)#monitor session 1 source interface fastEthernet 0/5 both
! 配置被监控端口 F0/5
Switch (config)#monitor session 1 destination interface f0/24
 ! 配置监控端口 F0/24
Switch (config)#monitor session 1 source interface fastEthernet 0/10 both
! 配置被监控端口 F0/10
Switch (config)#monitor session 1 destination interface fastEthernet 0/24
```

（2）在特权模式下使用"show running-config"命令，显示当前生效的端口镜像配置信息。

```
show running-config
......
```

步骤 5：验证交换机镜像口（1）

（1）在教师机 PC3 上，使用 ping 命令，测试网络中的计算机之间连通性。

```
ping 172.16.1.5        ！测试和学生机 1 连接
！！！！！
ping 172.16.1.10       ！测试和学生机 2 连接
！！！！！
```

同一台交换机上互相连接的计算机之间，能实现正常通信，网络之间可以相互连通。

（2）在教师机 PC3 安装 Ethereal 抓包软件，该软件为网络上共享软件，直接在网络上下载使用。

（3）在 PC3 上运行 Ethereal 抓包软件，设置好抓包参数后，准备捕获被监控计算机的数据包信息。

（4）在学生机器的 PC1 上，转到 DOS 状态，运行"ping 172.16.1.10 –t"命令，可以看到作为镜像口上连接的教师机，接收到来自网络上被监控计算机上的数据包信息，如图 7-12 所示。

步骤 6：取消交换机镜像口

在全局配置模式下，删除 SPAN 会话。

```
Switch #configure terminal
Switch (config)#no monitor session 1  source interface fastEthernet 0/5,0/10 both
Switch (config)#no monitor session 1 destination interface fastEthernet 0/24
Switch (config)#end
Switch #show running-config
…… ……
```

步骤 7：验证交换机镜像口（2）

在学生机器的 PC1 上，转到 DOS 状态，运行"ping 172.16.1.10 –t"命令，然后再启动 Ethereal 抓包软件，如图 7-13 所示，已经抓不到 ICMP 包了。

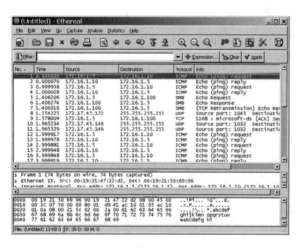

图 7-12　捕获数据包（1）

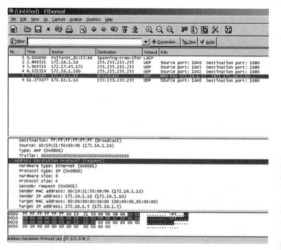

图 7-13　捕获数据包（2）

项目八　实施虚拟局域网安全

核心技术

◆ 实施虚拟局域网 VLAN 安全

学习目标

◆ 实施 VLAN 安全
◆ 配置 VLAN 许可列表安全
◆ 保护私有 PVLAN 安全

8.1 实施 VLAN 安全

8.1.1 VLAN 概述

VLAN 是虚拟局域网的简称，是一种可以把局域网内的交换设备，逻辑地而不是物理地划分成一个个网段的技术，也就是从物理网络上划分出来的逻辑网络。VLAN 有着和普通物理网络同样的属性，除了没有物理位置的限制，其他和普通局域网相同。

由于 VLAN 是基于逻辑连接而不是物理连接，因此它可以提供灵活的用户/主机管理、带宽分配以及资源优化等服务，VLAN 分割广播域如图 8-1 所示。

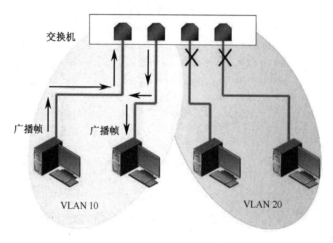

图 8-1 VLAN 分割广播域

如果一个 VLAN 内的主机想要同另一个 VLAN 内的主机通信，则必须通过一个三层设备（如路由器）才能实现，其原理和路由器连接不同的三层子网是一样的。

交换机是企业网中直接连接终端设备的重要互联设备，在网络中承担终端设备接入功能。基于接口的 VLAN 是划分虚拟局域网最简单的方法。这种定义 VLAN 的方法是根据以太网交换机的接口来划分，实际上就是交换机上某些接口的集合。网络管理员只需要管理和配置交换机上的接口，而不用管这些接口连接什么设备。

如图 8-2 所示，把交换机的 3、5、7、9 接口划入 VLAN 10，而交换机的 19、21~24 接口划入 VLAN 20。这些属于同一 VLAN 的接口可以不连续，并且即使同属于一个 VLAN 的接口也可以跨越数个以太网交换机。

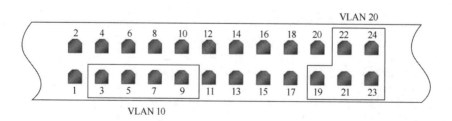

图 8-2 基于接口的 VLAN

根据接口划分是目前定义 VLAN 的最广泛的方法,这种划分方法的优点是:定义 VLAN 成员时非常简单,只要将所有的接口都定义一次就可以了。它的缺点是如果某 VLAN 的用户离开了原来的接口,在移到一个新的交换机接口时,就必须重新定义。

8.1.2 使用 VLAN 隔离广播干扰

位于同一台交换机接口上所有的设备,处于同一个广播域中,因此随着交换网络中的设备增多,广播和干扰也会增多,网络的安全也得不到保证。

通过 VLAN 技术,可以把同一台交换机上一个广播域,隔离成多个小的广播域。第二层的单播、广播和多播帧在一个 VLAN 内转发、扩散,而不会直接进入其他的 VLAN 之中。VLAN 内的各个用户就像在一个真实的局域网内(可能 VLAN 的用户位于很多互相连接的多台交换机上,而非一个交换机上)一样可以互相访问。同时不是同一个 VLAN 内的用户,也无法通过数据链路层方式访问其他 VLAN 内的成员,从而在二层上实施了安全保障。

VLAN 分割广播域,实施网络安全隔离的效果如图 8-3 所示。

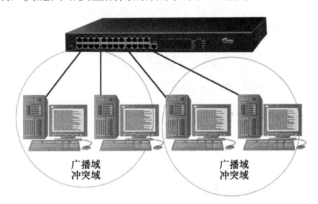

图 8-3 VLAN 实施网络安全隔离

1. 配置 VLAN

在交换机的全局模式下,通过以下命令创建 VLAN。

步骤 1:进入全局配置模式

```
Switch#configure terminal
```

步骤 2:利用编号创建 VLAN

```
Switch(config)#vlan vlan-id
```

输入一个 VLAN ID。如果输入是一个新 VLAN ID,则交换机会创建该 VLAN;如果输入已经存在 VLAN ID,则修改相应 VLAN。

可以配置 VLAN ID 范围是 1~4094,其中,VLAN 1 默认存在,且不能被删除。

该命令运行后,进入 VLAN 配置模式,提示符是 Switch(config-vlan)#,在这个模式下,可以继续用命令 vlan vlan-id 添加 VLAN。

步骤 3:(可选)命名 VLAN

```
Switch(config-vlan)#name vlan-name
```

为 VLAN 取一个名字。如果没有进行这一步,则交换机会自动为它起一个名字 VLAN xxxx,其中 xxxx 是用 0 开头的 4 位 VLAN ID 号。例如,VLAN 0004 就是 VLAN 4 的默认名字。如果想把 VLAN 的名字改回默认，输入 no name 命令即可。

通过案例 8-1 命令格式，说明如何将交换端口 FastEthernet 0/1 加入到 VLAN 10 中。

案例 8-1：配置交换机基于端口的 VLAN 技术

```
Switch >
Switch#configure terminal
Switch(config)#vlan 10
Switch(config-vlan)#exit
Switch(config)#vlan 20
Switch(config-vlan)#exit
Switch(config)#interface fastEthernet 0/1
Switch(config-if)#switchport access vlan 10
Switch(config-if)#name test
```

配置完成交换机的 VLAN 之后，可以在特权用户模式下，使用 show vlan 命令，查看配置完成结果。

也可以同时将一组端口添加到一个 VLAN 中，步骤如下。

步骤 1：进入到一组需要添加到 VLAN 的端口中

```
Swtich(config)#interface range { fastEthernet | gigabitEthernet } ports
```

步骤 2：（可选）将端口模式设置为接入端口

```
Switch(config-range-if)#switchport mode access
```

步骤 3：将一组端口划分到指定 VLAN

```
Switch(config-range-if)#swtichport access vlan vlan-id
```

通过案例 8-2 命令格式，说明如何将一组端口 FastEthernet 0/1-5,0/7 同时划分到 VLAN10。

案例 8-2：配置交换机一组端口同时划分到 VLAN 技术

```
Switch #configure terminal
Switch (config)#interface range fastEthernet  0/1-5,0/7      ! 打开一组端口
Switch (config-if-range)#switchport mode access              ! 该命令可选，默认模式
Switch (config-if-range)#switchport access vlan 10
Switch (config-1f-range)#exit
Switch (config)#
```

配置完成交换机 VLAN 之后，可以通过特权用户模式下，使用 show vlan 命令，查看配置完成的结果。

2．删除 VLAN

VLAN 配置完成后，可以通过命令删除 VLAN。需要注意的是，一旦删除了 VLAN，那么此 VLAN 中所有端口自动移动到交换机的管理 VLAN 1。

步骤 1：进入全局配置模式

```
Switch#configure terminal
```

步骤 2：删除特定编号的 VLAN

```
Switch(config)#no vlan vlan-id
```

输入一个 VLAN ID，删除它。注意：VLAN 1 不能被删除。

8.1.3　使用 IEEE802.1q 保护同 VLAN 通信

IEEE 802.1q 规范为标识带有 VLAN 成员信息以太帧建立了一种标准方法。802.1q 标准主要用来解决如何将大型网络划分为多个小网络，如此广播和组播流量就不会占据更多带宽的问题。此外，802.1q 标准还提供更高网段间安全性。

IEEE 802.1q 完成以上各种功能的关键在于标签。支持 802.1q 的交换接口可被配置来传输标签帧或无标签帧。一个包含 VLAN 信息的标签字段可以插入到以太帧中。如果接口连接的是支持 802.1q 的设备（如另一个交换机），那么这些标签帧可以在交换机之间传送 VLAN 成员信息，这样 VLAN 就可以跨越多台交换机了。

如图 8-4 所示，VLAN10、20、30 内主机所发出的帧会打上不同的标签，然后在同一条链路里面传输，这就解决了不同交换机上的相同 VLAN 内主机之间互相通信的问题。

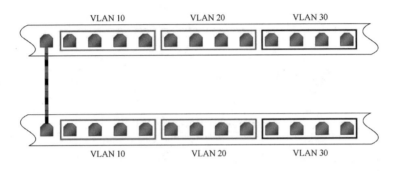

图 8-4　使用 VLAN 标签

如图 8-5 所示，每一台支持 802.1q 协议的主机，在发送数据包时，都在原来的以太网帧头中的源地址后，增加一个 4 字节的 802.1q 帧头，之后接原来以太网长度或类型域。

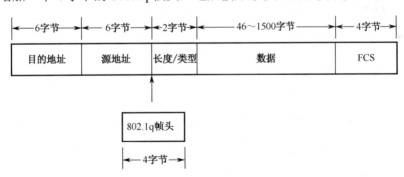

图 8-5　带有 802.1q 标签头的以太网帧

这个 4 字节的 802.1q 标签头，包含 2 字节的标签协议标识 TPID（Tag Protocol Identifier，值是 0x8100）和 2 字节标签控制信息 TCI（Tag Control Information）。TPID 是 IEEE 定义的新类型，表明这是一个加 802.1q 标签文本，图 8-6 显示 802.1q 标签头详细内容。

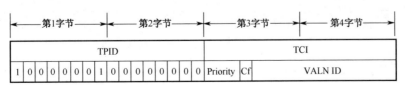

图 8-6　802.1q 帧头格式

交换机上的接口默认工作在第二层模式，二层接口的默认模式是 Access 接口。一般把交换机上接主机的接口的模式设为 Access 接口，交换机和交换机之间的级联接口设置为 trunk，将交换机端口设置为 trunk 的配置如下：

步骤 1：进入需要配置端口

```
Swtich(config)#interface range { fastEthernet | gigabitEthernet } port
```

步骤 2：将端口的模式设置为 trunk

```
Switch(config-range-if)#switchport mode trunk
```

注意 1：trunk 链路两端的 trunk 接口的默认 VLAN 一定要保持一致，否则可能会造成 trunk 链路不能正常通信。

注意 2：如果想把一个 trunk 接口的所有 trunk 相关属性都复位成默认值，请使用 no switchport trunk 接口配置命令。

如图 8-7 所示，有 2 台交换机，通过各自的 F0/1 接口连接，形成互联的网络。

图 8-7　VLAN trunk 配置拓扑图

通过案例 8-3 命令，说明如何将其中一台交换机 F0/1 接口配置成 trunk 接口。

案例 8-3：配置交换机 trunk 干道接口技术

```
Switch #
Switch#configure terminal
Switch(config)#vlan 10
Switch(config-vlan)# name gongcheng
Switch(config-vlan)#exit
Switch(config)#vlan 20
Switch(config-vlan)#name xiaoshou
Switch(config-vlan)#exit
Switch(config)#interface range fastEthernet 0/5,0/7    !打开一组端口
Switch(config-if-range)#switchport access vlan 10
Switch(config-if-range)#exit
Switch(config)#interface range fastEthernet 0/8,0/10-15
Switch(config-if-range)#switchport access vlan 10
Switch(config-if-range)#exit
Swtich(config)#interface fastEthernet 0/1
Swtich(config-if)#switchport mode trunk
Switch(config-if)#end
Switch#show vlan
VLAN Name                            Status   Ports
---- ------------------------        -------- -------------------------
1    default                         active     Fa0/1 ,Fa0/2 ,Fa0/3
                                                Fa0/4 ,Fa0/6 ,Fa0/9
                                                Fa0/16,Fa0/17,Fa0/18
                                                Fa0/19,Fa0/20,Fa0/21
                                                Fa0/22,Fa0/23,Fa0/24
```

```
10   gongcheng                      active        Fa0/1 ,Fa0/5 ,Fa0/7
20   xiaoshou                       active        Fa0/1 ,Fa0/8 ,Fa0/10
                                                  Fa0/11,Fa0/12,Fa0/13
                                                  Fa0/14,Fa0/15
! F0/1 接口出现在所有 VLAN 中，是一个 trunk 接口
Switch#
Switch#show interfaces fastEthernet 0/1 switchport
Interface  Switchport Mode   Access  Native  Protected   VLAN lists
---------  ---------  ---------  -------  --------  ------  -------
Fa0/1      Enabled    Trunk     1        1                Disabled  All
Switch#show interfaces fastEthernet 0/1 trunk
Interface          Mode    Native VLAN     VLAN lists
------------------  ------  -----------  -------
Fa0/1              On      1               AllSwitch
```

配置完成一台交换机 trunk 干道之后，另一台交换机也采用同样配置，以实现对等通信。

可以通过特权用户模式下，使用 show vlan 命令，查看配置完成的结果。

8.2　配置 VLAN 许可列表安全

一个 trunk 接口，默认传输本台交换机支持所有 VLAN（1～4094）的流量，两端交换机上已经创建的 VLAN 数据，都可以在此干道链路上通过。

但是用户也可以根据自己的需要，配置 trunk 链路，通过设置 trunk 接口的许可 VLAN 列表，来限制某些 VLAN 的流量，不能通过这个 trunk 接口，通过对 trunk 链路上的 VLAN 进行限定，从而实现网络防护，均衡干道流量的负载。

在全局配置模式下，利用如下步骤可以修改一个 trunk 接口的许可 VLAN 列表。

步骤 1：进入需要配置 trunk 端口

```
Switch(config)#interface { fastEthernet | gigabitEthernet } port
```

步骤 2：定义该接口类型为 trunk

```
Switch(config-range-if)#switchport mode trunk
```

步骤 3：定义 trunk 的 VLAN 列表

```
Switch(config-if)#Switchport trunk allowed  vlan { all | [ add | remove | except ] }
vlan-list
```

其中：

（1）all 含义是许可 VLAN 列表包含所有支持的 VLAN；

（2）add 含义是将指定 VLAN 列表加入许可 VLAN 列表；

（3）remove 含义是将指定 VLAN 列表从许可 VLAN 列表中删除；

（4）except 含义是将除列出的 VLAN 列表外的所有 VLAN 加入许可 VLAN 列表。

（5）参数 vlan-list 可以是一个 VLAN 的 ID，也可以是一系列 VLAN 的 ID，以较小的 VLAN ID 开头，以较大的 VLAN ID 结尾，中间用"-"号连接，如 10–20。

注意：不能将 VLAN 1 从许可 VLAN 列表中移出。

如图 8-7 所示，有 2 台交换机，通过各自的 F0/1 接口连接，形成互联的网络。

通过案例 8-4 命令，说明如何将其中一台交换机 F0/1 接口配置成 trunk 接口。

再定义 trunk 接口的许可 VLAN 列表，在刚才配置的 trunk 接口里，将 VLAN 20 从许可列表中删除。

案例 8-4：配置交换机 trunk 干道接口修剪技术

```
Switch #
Switch#configure terminal
Switch(config)#interface fastEthernet 0/1
Switch(config-if)#switchport trunk allowed vlan remove 20
Switch(config-if)#end
Switch#show vlan
VLAN Name                          Status    Ports
---- ------------------------      --------- ---------------------
1    default                       active    Fa0/1 ,Fa0/2 ,Fa0/3
                                              Fa0/4 ,Fa0/6 ,Fa0/9
                                              Fa0/16,Fa0/17,Fa0/18
                                              Fa0/19,Fa0/20,Fa0/21
                                              Fa0/22,Fa0/23,Fa0/24
10   gongcheng                     active    Fa0/1 ,Fa0/5 ,Fa0/7
20   xiaoshou                      active    Fa0/8 ,Fa0/10,Fa0/11
                                              Fa0/12,Fa0/13,Fa0/14
                                              Fa0/15
! 可以看到，F0/1 接口已经不属于 VLAN 20
Switch#show interfaces fastEthernet 0/1 switchport
Interface Switchport Mode Access Native  Protected  VLAN lists
--------- ---------- -------- ------ ------- --------- -----------
Fa0/1     Enabled    Trunk    1      1       Disabled  1-19,21-4094
Switch#show interfaces fastEthernet 0/1 trunk
Interface          Mode  Native VLAN    VLAN lists
-------------- ----- ----------- -------------------
Fa0/1              On    1              1-19,21-4094
! F0/1 接口 VLAN lists 中已经没有 VLAN 20
```

按照对等通信的原则，配置完成一台交换机 trunk 干道修剪技术（许可列表）之后，另一台交换机也采用同样配置，以实现对等通信。

8.3 保护私有 PVLAN 安全

随着网络的迅速发展，用户对于网络数据通信的安全性提出了更高的要求，诸如防范黑客攻击、控制病毒传播等，都要求保证网络用户通信的相对安全性；传统的解决方法是给每个客户分配一个 VLAN 和相关的 IP 子网，通过使用 VLAN，每个客户被从第 2 层隔离开，可以防止任何恶意的行为和 Ethernet 的信息探听。 然而，这种分配每个客户单一 VLAN 和 IP 子网的模型，造成了巨大的可扩展方面的局限。

这些局限主要有下述几方面。

（1）VLAN 的限制：交换机固有的 VLAN 数目的限制，可分配的 VLAN 编号是 1～4094，需要划分更多的 VLAN 怎么办？

（2）复杂的 STP：对于每个 VLAN，每个相关的 Spanning Tree 的拓扑都需要管理。

（3）IP 地址的紧缺：每一个 VLAN 都划分一个子网，当划分多个 VLAN 时，导致地址的浪费，IP 子网的划分势必造成一些 IP 地址的浪费。

（4）路由的限制：每个子网都需要相应的默认网关的配置。

8.3.1 什么是 PVLAN

PVLAN 即私有 VLAN（Private VLAN）技术，PVLAN 采用两层 VLAN 隔离技术，只有上层 VLAN 全局可见，下层 VLAN 之间相互隔离。如果将交换机设备的每个端口，都转化为一个（下层）VLAN，则实现了所有端口的隔离，就实现类似于保护端口（Protected）的安全隔离的技术效果。

PVLAN 通常用于企业网络内部，用来隔离连接到交换机，部分接口之间的网络设备相互通信，但却允许其与默认网关进行通信。尽管各设备处于不同的 PVLAN 中，但它们可以使用相同的 IP 子网，节约网络地址资源。

目前很多厂商生产的交换机支持 PVLAN 技术，PVLAN 技术在解决通信安全、防止广播风暴和浪费 IP 地址方面的优势是显而易见的，而且采用 PVLAN 技术有助于网络的优化，再加上 PVLAN 在交换机上的配置也相对简单，越来越得到网络管理人员青睐。

8.3.2 PVLAN 关键技术

PVLAN 将一个 VLAN 二层广播域，划分成多个子域，每个子域都由一对 VLAN 组成。每个 PVLAN 包含 2 种 VLAN：主 VLAN（Primary VLAN）和辅助 VLAN（Secondary VLAN）。

在整个 PVLAN 域中，只有一个主 VLAN，每个子域有不同的辅助 VLAN，通过辅助 VLAN 实现整个网络的二层隔离。其中辅助 VLAN（Secondary VLAN）包含两种类型：隔离 VLAN（Isolated VLAN）和团体 VLAN（Community VLAN），如图 8-8 所示。

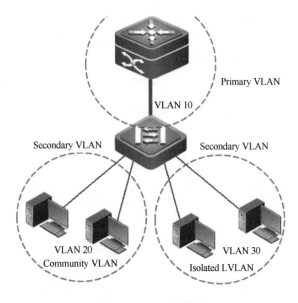

图 8-8 PVLAN 类型

（1）主 VLAN（Primary VLAN）：是 PVLAN 的高级 VLAN，每个 PVLAN 只有一个主 VLAN，用以实现不同子 VLAN 之间的通信。

（2）辅助 VLAN（Secondary VLAN）：是 PVLAN 的子 VLAN，并且映射到一个主 VLAN 中，每台终端接入计算机都连接到辅助 VLAN。

在辅助 VLAN 的技术中，又按照其通信功能的不同，划分出相应的两种类型，分别是：

① Community VLAN：是指团体 VLAN，在团体 VLAN 中的主机之间能互相进行二层的通信访问，但是不能与其他团队 VLAN 中的端口进行二层通信。一个私有 VLAN 中可以有多个团队 VLAN。

② Isolated VLAN：是指隔离 VLAN，同一个隔离 VLAN 内主机之间，不能进行二层通信，只能和混杂端口通信。一个私有 VLAN 中只能有一个隔离的 VLAN。

8.3.3 PVLAN 端口类型

在 Private VLAN 技术中，交换机端口有三种类型：Isolated Port，Community Port，Promiscuous Port。它们分别对应不同的 VLAN 类型：Isolated Port 属于 Isolated PVLAN，Community Port 属于 Community PVLAN，如图 8-9 所示。

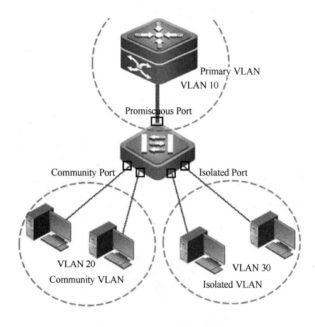

图 8-9   PVLAN 端口类型

（1）混杂端口（Promiscuous Port）：混杂端口为主 VLAN 中的端口，可以与任意端口通信，包括同一个 PVLAN 中的隔离端口和团体端口。

（2）隔离端口（Isolated Port）：隔离端口为隔离 VLAN 中的端口，隔离端口只能与混杂端口进行通信。

（3）团体端口（Community Port）：团体端口为团体 VLAN 中的端口，同一个团体 VLAN 中的团体端口之间可以互相通信，并且团体端口可以与混杂端口通信，但是不能与其他团体 VLAN 的端口进行通信。

其中，主 VLAN 中的混杂端口用于连接到网关设备，可以和本 VLAN 中所有端口通信；

隔离 VLAN 中的各端口均为隔离端口，互相不可通信，也不可与其他隔离 VLAN 或团体 VLAN 通信；团体 VLAN 中的端口均为团体端口，可与本团体端口通信，不可与其他团体端口或隔离端口通信。

图 8-10 显示的是某科技公司内部网络场景，为实施 VLAN 的安全优化技术，通过 PVLAN 技术，针对不同部门配置不同的 VLAN 类型，从而实现部门之间的安全隔离，以及部分部门内部的主机之间的安全隔离。

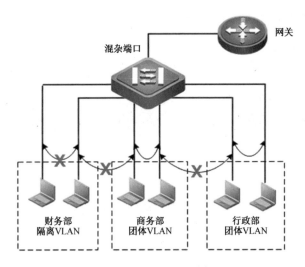

图 8-10 PVLAN 端口类型

在图 8-10 所示的 PVLAN 场景中，主 VLAN 有三个部门，其中行政部门属于团体 VLAN 10，商务部门属于团体 VLAN 20，财务部门属于隔离 VLAN 30。

三个部门属于同一个主 VLAN，因此三个部门内的主机 IP 都属于同一个 IP 子网，地址规划上使用同一地址段，节约地址资源。但是由于私有 VLAN 技术类型限制，商务部门、行政部门内的各设备直接能互相通信，但是财务部门的设备由于属于隔离 VLAN ，因此各部门之间不能互相通信。但是所有部门的设备之间，都能与主 VLAN 中的混杂端口通信，通过该端口实现对外部网络的互相访问。

8.3.4 配置 PVLAN

需要在三层交换机上实施 Private VLAN 技术，实现网络的安全隔离，优化 VLAN 的实施环境。配置 Private VLAN 技术主要包括以下几个步骤。

1. 配置主 VLAN 与辅助 VLAN

步骤 1：进入配置模式

```
Switch#configure terminal
```

步骤 2：进入 VLAN 配置模式

```
Switch(config)#vlan vid
```

步骤 3：配置私有 VLAN 类型

```
Switch(config-vlan)#private-vlan { community | isolated | primary }
```

在 802.1q VLAN 中，有成员端口的 VLAN 不能配置为私有 VLAN。VLAN 1 不能配置为私有 VLAN。

2. 关联辅助 VLAN 到主 VLAN

步骤 1：进入主 VLAN 的 VLAN 配置模式

```
Switch(config)#vlan p_vid
```

步骤 2：关联辅助 VLAN 到主 VLAN

```
Switch(config-vlan)#private-vlan association [ add | remove ] svlist
```

3．将辅助 VLAN 映射到主 VLAN 的三层接口

步骤 1：进入主 VLAN 的 VLAN 接口模式

```
Switch(config)#interface vlan p_vid
```

步骤 2：映射辅助 VLAN 到主 VLAN 的三层接口

```
Switch(config-if)#private-vlan mapping [ add | remove ] svlist
```

4．配置主机端口

步骤 1：进入主机端口

```
Switch(config)#interface port-type port
```

步骤 2：配置端口为主机端口

```
Switch(config-if)#switchport mode private-vlan host
```

步骤 3：关联主机端口到 PVLAN

```
Switch(config-if)#switchport private-vlan host-association p_vid s_vid
```

5．配置混杂端口

步骤 1：进入主机端口

```
Switch(config)#interface interface
```

步骤 2：配置端口为混杂端口

```
Switch(config-if)#switchport mode private-vlan promiscuous
```

步骤 3：配置混杂端口所在的主 VLAN 以及关联的辅助 VLAN

```
Switch(config-if)#switchport private-vlan mapping p_vid [ add | remove ] svlist
```

需要注意的是：配置 Private VLAN 时，一个 Private VLAN 处于 Active 状态，必须满足下列条件。
① 具有主 VLAN。
② 具有辅助 VLAN。
③ 辅助 VLAN 和主 VLAN 进行关联。
④ 主 VLAN 内有混杂端口。

8.4 安全项目实施方案

实施 PVLAN 隔离安全。

 任务描述

张明从学校毕业，分配至顶新公司网络中心，承担公司网络管理员工作，维护和管理公司中所有的网络设备。顶新公司的网络分割为多个不同的 VLAN，如网络中心 VLAN 10、销售部 VLAN 20、财务部 VLAN 30 等。

为实施和保护网络安全，希望销售部（VLAN 20）的计算机可以互相之间通信，便于共享资源；财务部（VLAN 30）的计算机互相隔离，保证不同主机之间不能互相访问……所有部门都通过网络中心（VLAN10）接入外部网络。

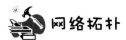

网络拓扑

如图 8-11 所示的网络拓扑，规划有多个子 VLAN，其中，网络中心为 VLAN 10、销售部 VLAN 20、财务部 VLAN 30，希望用 PVLAN 技术实现公司网络安全访问需求。

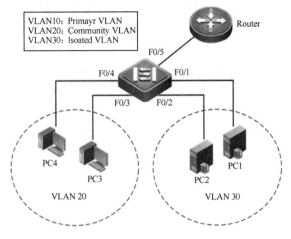

图 8-11 配置 PVLAN

【设备清单】

三层交换机（1 台），计算机（3~5 台）、网线（若干条）。

步骤 1：安装网络工作环境

按图 8-11 所示的网络拓扑，连接网络设备，组建网络场景，注意设备连接的接口编号。

步骤 2：IP 地址规划

按表 8-1 规划地址结构，设置 PC1、PC2、PC3、PC4 和 PC5 等计算机地址。

表 8-1 网络设备 IP 地址

设 备 名 称	IP 地 址	子 网 掩 码	网 关	备 注
PC1	172.16.1.1	255.255.255.0	无	Fa0/1 接口
PC2	172.16.1.2	255.255.255.0	无	Fa0/2 接口
PC3	172.16.1.3	255.255.255.0	无	Fa0/3 接口
PC4	172.16.1.4	255.255.255.0	无	Fa0/4 接口
PC5	172.16.1.5	255.255.255.0	无	Fa0/5 接口

步骤 3：测试网络连通性

在 PC1 上，转到 DOS 环境，使用 ping 命令来测试到全网的互通性。

由于是交换机连接的交换网络，交换机未实施任何安全保护配置，以上测试均能连通。

步骤 4：配置三层交换机 PVLAN 技术

（1）创建 VLAN，配置主 VLAN 与辅助 VLAN。

```
Swich#configure terminal
Switch(config)#vlan 10
Switch(config-vlan)#private-vlan primary
Switch(config-vlan)#exit
```

```
Switch(config)#vlan 20
Switch(config-vlan)#private-vlan community
Switch(config-vlan)#exit
Switch(config)#vlan 30
Switch(config-vlan)#private-vlan isolated
Switch(config-vlan)#exit
```

（2）关联辅助 VLAN 到主 VLAN。

```
Switch(config)#vlan 10
Switch(config-vlan)#private-vlan association add 20,30
Switch(config-vlan)#exit
```

（3）配置混杂端口、主机端口。

```
Switch(config)#interface range fastEthernet 0/1-2
Switch(config-if-range)#switch access vlan 30
Switch(config-if-range)#switchport mode private-vlan host
Switch(config-if-range)#switchport private-vlan host-association 10 30
Switch(config-if-range)#exit
Switch(config-if)#interface range fastEthernet 0/3-4
Switch(config-if-range)#switch access vlan 20
Switch(config-if-range)#switchport mode private-vlan host
Switch(config-if-range)#switchport private-vlan host-association 10 20
Switch(config-if-range)#exit
Switch(config)#interface fastEthernet 0/5
Switch(config-if)#switchport mode private-vlan promiscuous
```

（4）将辅助 VLAN 映射到主 VLAN 的三层接口。

```
Switch(config)#interface fastEthernet 0/5
Switch(config-if-range)#switch access vlan 10
Switch(config-if)#switchport mode private-vlan promiscuous
Switch(config-if)#switchport private-vlan mapping 10 add 20,30
Switch(config-if)#end
```

步骤 5：测试 PVLAN 环境的连通性

在 PC1 上，转到 DOS 环境，使用 ping 命令来测试到全网的互通性。

由于交换机实施了 PVLAN 安全配置，测试结果如下：

```
ping 172.16.1.2
……
ping 172.16.1.3
……
ping 172.16.1.5
!!!!!
```

在 PC3 上，转到 DOS 环境，使用 ping 命令来测试到全网的互通性。

由于交换机实施了 PVLAN 安全配置，测试结果如下：

```
ping 172.16.1.2
……
ping 172.16.1.4
!!!!!
ping 172.16.1.5
!!!!!
```

项目九 实施网络广播风暴控制安全

核心技术

◆ 实施生成树控制安全

学习目标

◆ 生成树协议技术
◆ STP 安全机制
◆ 管理 BPDU Filter 安全

9.1　生成树协议技术

通常备份连接也称为备份链路、冗余链路，如图 9-1 所示。交换机 SW1 与交换机 SW3 端口之间的链路就是一个备份连接。在主链路（SW1 与 SW2 端口之间链路或者 SW2 端口与 SW3 端口之间链路）出故障时，备份链路自动启用，从而提高网络整体可靠性。

使用冗余备份能够为网络带来健全性、稳定性和可靠性等好处，但是备份链路使网络存在环路。环路问题是备份链路所面临的最为严重的问题，环路问题将会导致广播风暴、多帧复制及 MAC 地址表的不稳定等问题。

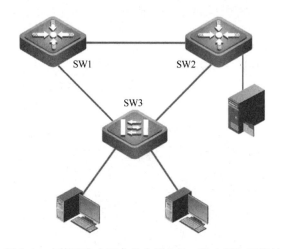

图 9-1　交换网络中冗余带来健全性、稳定性和可靠性

为了解决冗余链路引起的问题，IEEE 通过了 IEEE 802.1d 协议，即生成树协议（STP 协议）。IEEE 802.1d 协议通过在交换机上运行一套复杂的算法，使冗余端口置于"阻塞状态"，使得网络中的计算机在通信时，只有一条链路生效，而当这个链路出现故障时，IEEE 802.1d 协议将会重新计算出网络的最优链路，将处于"阻塞状态"的端口重新打开，从而确保网络连接稳定可靠。

9.2　STP 安全机制

生成树协议 STP 在网络中避免第二层桥接环路，给交换网络提供了冗余。但 STP 协议自身也存在着一些限制，其中最为突出的就是收敛速度慢，通常需要花费至少 30s 的时间进行收敛，才能使网络拓扑达到稳定状态。对于现在的网络，显然 30s 的时间太漫长，如某些路由协议 OSPF、ISIS 等，都可以在短短的几秒内就完成收敛，显然 STP 的过长的收敛时间已经不能满足现在网络的需求，以及现代网络中的高可用性（HA）标准。

为了克服 STP 的这些缺陷，一些 STP 的增强和安全机制被开发出来，包括快速端口（PortFast）、BPDU 防护（BPDU Guard）和 BPDU 过滤（BPDU Filter）。

9.2.1　管理 PortFast 安全

PortFast 的安全特性开发是为了加快生成树收敛速度。当交换机的某个二层端口被配置为 PortFast 端口，端口激活后将立即过渡到 Forwarding 状态，而跳过生成树的中间状态，这样端口可以立即对用户数据进行转发。PortFast 安全特性避免了一些实际应用中的问题，如 DHCP 请求超时、Novell 登录问题等。

　　PortFast 的安全特性可以使一个交换端口绕过监听和学习状态过程，直接进入到转发状态，以减少端口状态转换延时。可以在连接单一工作站、交换机或者服务器的交换或中继端口上使用 PortFast，使这些设备立即连接到网络中，而无须等待端口从监听、学习状态转换到转发状态。在实际网络应用中，PortFast 端口安全特性只用于连接终端主机的端口（不会产生环路的端口，如客户端、服务器），这也是配置 PortFast 命令前一定要确认的条件。需要注意的是，不要将连接交换机的上行链路端口配置为 PortFast 端口，否则可能会导致网络出现环路，如图 9-2 所示。

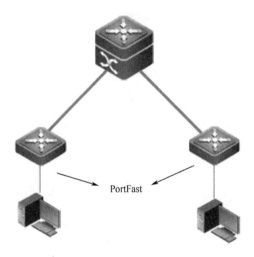

图 9-2　管理 PortFast 安全

　　在有备份链路的网络环境中，当交换机开启电源或者当设备连接到一个端口时，端口通常进入生成树的监听状态。在转发延时计时器过期时，端口进入到监听状态。当转发延时计时器再次过期时，端口才转换成转发或者阻塞状态。但如果在接入端口上启用了 PortFast 时，这个端口会立即转换到生成树的转发状态，无须经过前面的监听和学习两个状态，大大减少了延时等待的时间。

　　配置该命令的端口，只要设备的线一接上，就马上进入转发状态，不用等 50 秒默认 STP 收敛的时间（20 秒的阻塞+15 秒的监听+15 秒的学习）。当配置 PortFast 安全特性端口接收到 BPDU 报文后，端口将丢弃 PortFast 状态，改为正常的 STP 操作。

　　使用如下命令可以启用交换机 fastethernet 0/8 接口的 PortFast 特性：

```
Switch(config)# interface fastethernet 0/8
Switch(config-if)# spanning-tree portfast
Switch(config-if)# end
Switch#
```

　　使用 no spanning-tree portfast 命令，可以禁止接口上已启用了的 PortFast 功能。

　　此外，在接口模式下，使用如下命令可以禁用接口的 PortFast 特性：

```
Switch(config-if)# spanning-tree portfast disable
```

　　在接入层交换机上，由于大部分端口都是连接终端设备，如 PC、服务器、打印机等，可以在全局模式下，使用如下命令全局性地使所有接口启用 PortFast 特性：

```
Switch(config)#spanning-tree portfast default
```

需要注意的是，当配置完这个命令后，必须在连接到分布层交换机的上行链路端口，使用 spanning-tree portfast disable 命令，明确禁用 PortFast 特性，避免环路产生。

案例 9-1： 配置交换机端口的 PortFast 安全特性

```
Switch#configure
Switch(config)#interface fastEthernet 0/1
Switch(config-if)#spanning-tree portfast
Switch(config-if)#end
Switch#
Switch#configure
Switch(config)#spanning-tree portfast default
Switch(config)#interface fastEthernet 0/23
Switch(config-if)#switchport mode trunk
Switch(config-if)#spanning-tree portfast disabled
Switch(config-if)#end
Switch#
```

使用如下命令可以查看接口 PortFast 特性的状态，包括管理状态与实际操作状态：

```
Switch# show spanning-tree interface interface
```

案例 9-2： 查看交换机端口的 PortFast 安全信息

```
Switch#show spanning-tree interface fastEthernet 0/1
......
```

9.2.2 管理 BPDU Guard 安全

STP 生成树协议的根桥（Root Bridge）的选举，是通过交换机的优先级来决定，优先级的数值越低，交换机就也越有可能成为网络中的根桥。但是，当 STP 生成树协议选举完毕，网络达到稳定状态后，如果此时有一个拥有更好优先级（数值更低）的交换机加入到网络后，会造成 STP 重新进行计算。这将造成网络又一次处于收敛状态，这也可以说是 STP 的一个不稳定机制。

网络中的攻击者可以利用 STP 的这种安全特性，发起一个中间人攻击。

如图 9-3 所示，两台交换机通过一条链路相连，正常情况下，两台交换机之间的数据都通过这条链路进行传送。这时攻击者向网络中引入了一台新的交换机，并且这台交换机拥有更高的优先级。显然这将导致 STP 重新计算，由于拥有更高的优先级，攻击者接入的交换机成为网络中的新根桥。

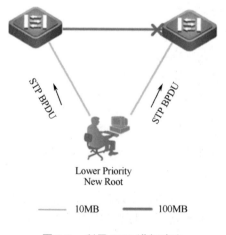

图 9-3　利用 STP 进行攻击

为了避免环路的产生，原先两台交换机启用 STP 生成树协议，造成之间的链路被阻塞。两台交换机之间的所有数据都会通过攻击者的交换机进行转发，攻击者达到了窃听的目的。

如果攻击者使用更低带宽（图中为 10MB）链路，那么会造成原先两台交换机之间的数据产生拥塞，导致丢包，影响连接到两台交换机上所有设备之间的正常通信。

BPDU Guard（BPDU 防护）是 STP 的一个增强机制，也是一种保护交换网络的安全机制。当交换机的端口启用了 BPDU Guard 后，端口将丢弃收到的 BPDU 报文，而且 BPDU Guard 会使接口变为"err-disabled"状态，不但避免了环路的产生，而且增强了交换网络的安全性和稳定性。

BPDU Guard 在交换机中默认是关闭的，需要手工启用。启用 BPDU Guard 可以在全局等级或者接口等级启用，两种方法存在一些差别。

在全局模式下，使用如下命令可以在启用了 PortFast 的端口上全局性地启用 BPDU Guard 功能：

```
spanning-tree  bpduguard default
spanning-tree  bpduguard enable
spanning-tree  bpduguard disabled
```

以下示例为配置交换机的 PortFast 和 BPDU Guard 功能。

```
Switch#configure
Switch(config)#interface fastEthernet 0/1
Switch(config-if)#spanning-tree bpduguard enable
Switch(config-if)#end
Switch#configure
Switch(config)#spanning-tree portfast bpduguard default
Switch(config)#interface fastEthernet 0/2
Switch(config-if)#spanning-tree portfast
Switch(config-if)#end
show spanning-tree interface interface      ！查看接口 BPDU Guard 特性的状态
……
Switch#show spanning-tree interface fastEthernet 0/1
……
```

当配置了这条命令后，如果某个接口启用了 PortFast 特性，当接口收到 BPDU 报文后，那么端口将进入"err-disabled"状态。通常启用了 PortFast 特性的端口都为接入（Access）端口，这些端口通常连接的都是终端设备，当在这样的端口收到 BPDU 报文后，表示有非法的设备（如非法交换机）接入到网络，可能会导致网络拓扑变更。当端口进入"err-disabled"状态后，端口将被关闭，丢弃任何报文，需要使用 errdisable recovery 命令手工启用端口，或者使用 errdisable recovery interval time 命令设置超时间隔，此时间间隔过后，端口将自动被启用。

9.2.3　管理 BPDU Filter 安全

正常情况下，交换机会向所有启用的接口发送 BPDU 报文，以便进行生成树的选举与拓扑维护。但是如果交换机的某个端口连接的为终端设备，如 PC、打印机等，而这些设备无须参与 STP 计算，所以无须接收 BPDU 报文，可以使用 BPDU 过滤（BPDU Filter）功能禁止 BPDU 报文从端口发送出去。

如图 9-4 所示，可以在接入层交换机上的访问端口上启用 BPDU Filter 功能，这样就可以避免这些设备接收到多余的 BPDU 报文。与 BPDU Guard 一样，默认情况下 BPDU Filter 功能是关闭的，需要手工启用。启用 BPDU Filter 同样可以在全局等级或者接口等级启用，但两种方法存在一些差别。

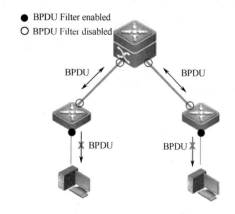

图 9-4　BPDU Filter

在全局模式下，使用如下命令可以在启用了 PortFast 的端口上全局性地启用 BPDU Filter 功能：

```
spanning-tree  bpdufilter default
```

当配置了这条命令后，如果某个接口启用了 PortFast 特性，那么交换机不再将 BPDU 报文从此端口发送出去，但是当接口收到 BPDU 报文后，交换机会将端口改回正常的 STP 操作。通常启用了 PortFast 特性的端口都为接入（Access）端口，这些端口通常连接的都是终端设备，它们无须接收 BPDU 报文。但当从端口接收到 BPDU 报文后，表示连接到端口的可能为网桥设备，为了防止环路的产生，端口将放弃 BPDU Filter 功能，向端口发送 BPDU 报文。

在接口模式下使用如下命令可以启用或禁用 BPDU Filter 功能：

```
spanning-tree bpdufilter { enable | disable }
```

在接口启用 BPDU Filter 特性时，端口的操作与之前全局性的启用此功能会有差别。当对某端口明确地启用 BPDU Filter 功能后，端口不但阻止 BPDU 被发送出去，而且将丢弃所有收到的 BPDU 报文，这点与全局性的启用 BPDU Filter 的操作是不同的。

以下示例为配置交换机的 BPDU Filter 功能。

```
Switch#configure
Switch(config)#interface fastEthernet 0/1
Switch(config-if)#spanning-tree bpdufilter enable
Switch#configure
Switch(config)#interface fastEthernet 0/1
Switch(config-if)#spanning-tree bpdufilter enable
Switch(config-if)#end
Switch#
Switch#configure
Switch(config)#spanning-tree portfast bpdufilter default
Switch(config)#interface fastEthernet 0/2
Switch(config-if)#spanning-tree portfast
Switch(config-if)#end
Switch#
```

使用如下命令可以查看接口 BPDU Filter 特性的状态：

```
show spanning-tree interface interface
```

以下示例为查看交换机的 BPDU Filter 信息。

```
Switch#show spanning-tree interface fastEthernet 0/1
......
```

9.3　网络风暴控制安全

由于以太网的工作机制，广播和冲突是一个交换网络最常见的现象，如何有效地控制网络中的广播和冲突，是优化网络，提供网络传输效率的关键工作之一。

控制网络广播的技术很多，如虚拟局域网 VLAN 技术、生成树技术以及子网技术等，都从不同的技术领域控制网络的广播风暴产生。

9.3.1　风暴控制工作原理

所谓局域网风暴，是指大量的数据包泛洪到网络中，浪费大量宝贵的带宽资源和系统资源，造成网络性能降低。产生风暴现象可能有多种原因，如协议栈中的错误实现、Bug，网络设备的错误配置，或者攻击者蓄意发动 DoS（拒绝服务）攻击，使大量的数据包泛洪到网络中。正如之前章节所介绍的，当交换机接收到广播帧、未知目的 MAC 地址的单播帧与组播帧后，则将数据帧转发到除接收端口以外的相同 VLAN 内的所有端口。交换机的这种转发机制会被攻击者所利用。例如，攻击者可以向网络中发送大量的广播帧，造成交换机泛洪，这样网络中（相同 VLAN 内）所有的主机都会接收到并处理泛洪的广播帧，造成主机或服务器等不能正常工作或提供正常的服务。

交换机的风暴控制是一种工作在物理端口的流量控制机制，它在特定的时间周期内监视端口收到的数据帧，然后通过与配置的阈值进行比较。如果超过了阈值，交换机将暂时禁止相应类型的数据帧（未知目的 MAC 单播、组播或广播）的转发直到数据流恢复正常（低于阈值）。

交换机的风暴控制可以通过三种方法对收到的数据帧进行监视。

（1）通过端口带宽的百分比：当端口收到的数据所占用的带宽超过所设定的百分比后，例如端口为 100Mbps，百分比为 5%，那么当接收的数据超过 5Mbps 后，端口将禁止数据帧的转发直到数据流恢复正常。

（2）通过端口收到的报文的速率（pps）：当端口收到的报文速率超过设定的阈值后，例如阈值为 1000pps，那么当接收的报文速率超过每秒 1000 个报文后，端口将禁止数据帧的转发直到数据流恢复正常。

（3）通过端口收到的数据的速率（kbps）：当端口收到的数据速率超过设定的阈值后，例如阈值为 2048kbps，那么当接收到的数据速率超过 2048kbps 后，端口将禁止数据帧的转发直到数据流恢复正常。

使用风暴控制特性可以分别针对广播帧、组播帧和未知目的 MAC 地址的单播帧设定以上三种类型的阈值。当对组播帧和广播帧启用风暴控制时需恰当地设定各种阈值，因为阻塞广播帧和组播帧可能会导致某些协议或应用不能正常工作，造成网络连通性中断。

总之，风暴控制可以很好地缓解和避免由于各种原因所产生的网络数据风暴，节约了带宽及系统资源，同时也可以避免网络受到 DoS 泛洪攻击，提高了网络的性能和安全性。

9.3.2　配置风暴控制（三层交换机）

在不同型号的锐捷系列交换机上，风暴控制的默认状态是不同的。一些交换机默认关闭所有端口的风暴控制功能，而一些交换机默认则开启针对特定报文类型的风暴控制功能，具体情况请以实际产品为准。

风暴控制的配置全部是在接口模式下进行的，使用如下命令可以手工开启该功能：

```
S3760(config-if)storm-control broadcast
S3760(config-if)storm-control multicast
S3760(config-if)storm-control unicast
S3760(config-if)no storm-control broadcase
! 开启广播风暴的控制功能。使用 no 选项可关闭它
```

在默认情况下，交换机端口会将接收到的广播报文、未知名多播报文、未知名单播报文转发到同一个 VLAN 中的其他所有端口，这样造成其他端口负担的增加。通过 Port Blocking 功能，可以配置一个接口拒绝接收其他端口转发的广播/未知名多播/未知名单播报文，可以设置接口的 Port Blocking 功能，有针对性对广播/未知名多播/未知名单播报文中任意一种或者多种进行屏蔽，拒绝/接收其他端口转发的任意一种或多种报文。

```
switchport block broadcast        ! 打开对广播报文的屏蔽功能
switchport block multicast        ! 打开对未知名多播报文的屏蔽功能
switchport block unicast          ! 打开对未知名单播报文的屏蔽功能
```

9.4 安全项目实施方案

保护冗余网络的安全。

 任务描述

张明从学校毕业，分配至顶新公司网络中心，承担公司网络管理员工作，维护和管理公司中所有的网络设备。公司按照部门业务不同，分隔为多个办公区，划分了多个不同部门 VLAN。其中，公司的销售部和技术服务部都连接在一台二层交换机上，并通过干道链路和网络中心三层交换机连接，组成企业互联互通的办公网络。

为增强企业内网中骨干链路的稳定性，网络管理员张明在两台交换机之间增加了一根链路，采用双链路连接，实现骨干链路的冗余备份。这个不仅提高了网络的可靠性，还可以通过聚合提高网络带宽。但交换机之间的冗余链路易形成广播风暴、多帧复制以及地址表的不稳定等危害，因此需要在交换上启用生成树协议，避免网络环路干扰。

 网络拓扑

如图 9-5 所示的网络拓扑，为公司办公网络的骨干网络链路的连接工作场景。按照如图 9-5 所示组建和连接网络，注意接口连接标识，以保证和后续配置保持一致。

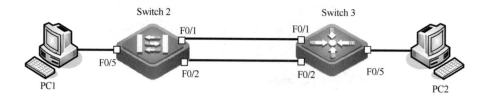

图 9-5 办公网冗余备份实验拓扑

【实训目标】

在交换机上配置快速生成树，保护网络生成树安全。

【设备清单】

交换机（2 台），网线（若干），测试 PC（若干）。

 工作过程

第一步：在两台交换机上配置聚合端口

```
Switch# configure terminal
Switch(config)# hostname Switch-2                !配置办公网络二层接入交换机
Switch-2(config)# interface range fastEthernet 0/1-2
Switch-2(config-if-range)# port-group 1
! 将端口 Fa0/1~2 加入聚合端口 1，同时创建该聚合端口
Switch-2(config-if-range)# exit
Switch-2(config)#
Switch# configure terminal
Switch(config)# hostname Switch-3                !配置办公网络三层汇聚交换机
Switch-3(config)# interface range fastEthernet 0/1-2
Switch-3(config-if-range)# port-group 1
! 将端口 Fa0/1~2 加入聚合端口 1，同时创建该聚合端口
Switch-3(config-if-range)# exit
Switch-3(config)#
```

第二步：将聚合端口设置为 trunk

```
Switch-2(config)# interface aggregatePort 1      !打开聚合端口 AG1
Switch-2(config-if)# switchport mode trunk       !设置聚合端口 AG1 为 trunk 端口
Switch-2(config-if)# exit
Switch-3(config)# interface aggregatePort 1
Switch-3(config-if)# switchport mode trunk
Switch-3(config-if)# exit
```

第三步：在两台交换机上启用 RSTP

```
Switch-2(config)# spanning-tree                  ! 启用二层交换机生成树协议
Switch-2(config)# spanning-tree mode rstp
! 修改生成树协议的类型为 RSTP
Switch-3(config)# spanning-tree                  ! 启用三层交换机生成树协议
Switch-3(config)# spanning-tree mode rstp
! 修改生成树协议的类型为 RSTP
```

第四步：查看 RSTP 生成树信息

启用 RSTP 之后，使用 show spanning-tree 命令观察交换机生成树工作状态：

```
Switch-3# show spanning-tree
StpVersion : RSTP
SysStpStatus : ENABLED
MaxAge : 20
HelloTime : 2
ForwardDelay : 15
BridgeMaxAge : 20
BridgeHelloTime : 2
BridgeForwardDelay : 15
MaxHops: 20
```

```
TxHoldCount : 3
PathCostMethod : Long
BPDUGuard : Disabled
BPDUFilter : Disabled
BridgeAddr : 00d0.f821.a542
Priority: 32768
TimeSinceTopologyChange : 0d:0h:0m:9s
TopologyChanges : 2
DesignatedRoot : 8000.00d0.f821.a542
RootCost : 0
RootPort : 0
```

以上信息显示：两台交换机已正常启用 RSTP 协议；由于 MAC 地址较小，Switch-3 被选举为根网桥，优先级是 32768；根端口是 Fa0/1；两台交换机计算路径成本方法都是长整型。为了保证 Switch-3 选举为根桥，需要提高 Switch-3 优先级。

第五步：配置 RSTP 生成树优先级

指定三层交换机为根网桥，二层交换机 F0/2 端口为根端口，指定两台交换机端口路径成本计算方法为短整型。

```
Switch-3 (config)# spanning-tree priority ?
<0-61440>  Bridge priority in increments of 4096
！查看网桥优先级配置范围，0~61440 之内，必须是 4096 倍数
Switch-3 (config)# spanning-tree priority 4096          ！配置优先级为 4096
！配置交换机 Switch-3 优先级为高，设该交换机为根交换机

Switch-3 (config)# interface fastEthernet 0/2
Switch-3 (config-if)# spanning-tree port-priority ?
 <0-240>  Port priority in increments of 16
！查看端口优先级配置范围，0~240 之内，必须是 16 倍数
Switch-3 (config-if)# spanning-tree port-priority 96     ！修改 F0/2 端口优先级 96
Switch-3 (config-if)# exit
Switch-3 (config)# spanning-tree pathcost method short
！修改计算路径成本的方法为短整型
Switch-2 (config)#
Switch-2 (config)# spanning-tree pathcost method short
！修改计算路径成本的方法为短整型
Switch-2 (config)# exit
```

第六步：查看生成树的配置信息

```
Switch-3 # show spanning-tree
StpVersion : RSTP
SysStpStatus : ENABLED
MaxAge : 20
HelloTime : 2
ForwardDelay : 15
BridgeMaxAge : 20
BridgeHelloTime : 2
BridgeForwardDelay : 15
MaxHops: 20
TxHoldCount : 3
```

```
PathCostMethod : Short
BPDUGuard : Disabled
BPDUFilter : Disabled
BridgeAddr : 00d0.f821.a542
Priority: 4096
TimeSinceTopologyChange : 0d:0h:0m:34s
TopologyChanges : 7
DesignatedRoot : 1000.00d0.f821.a542
RootCost : 0
RootPort : 0

Switch-3 # show spanning-tree interface fastEthernet 0/1
PortAdminPortFast : Disabled
PortOperPortFast : Disabled
PortAdminLinkType : auto
PortOperLinkType : point-to-point
PortBPDUGuard : disable
PortBPDUFilter : disable
PortState : forwarding
PortPriority : 128
PortDesignatedRoot : 1000.00d0.f821.a542
PortDesignatedCost : 0
PortDesignatedBridge :1000.00d0.f821.a542
PortDesignatedPort : 8001
PortForwardTransitions : 2
PortAdminPathCost : 19
PortOperPathCost : 19
PortRole : designatedPort

Switch-3 # show spanning-tree interface fastEthernet 0/2
PortAdminPortFast : Disabled
PortOperPortFast : Disabled
PortAdminLinkType : auto
PortOperLinkType : point-to-point
PortBPDUGuard : disable
PortBPDUFilter : disable
PortState : forwarding
PortPriority : 96
PortDesignatedRoot : 1000.00d0.f821.a542
PortDesignatedCost : 0
PortDesignatedBridge :1000.00d0.f821.a542
PortDesignatedPort : 6002
PortForwardTransitions : 4
PortAdminPathCost : 19
PortOperPathCost : 19
PortRole : designatedPort
```

　　观察到 Switch-3 优先级已被修改为 4096，Fa0/2 端口优先级也被修改成 96，在短整型计算路径成本的方法中，两个端口的路径成本都是 19，都处于转发状态。

第七步：验证配置

在交换机 Switch-3 上长时间 ping 交换机 Switch-2，其间断开 Switch-2 端口 Fa0/2，观察替换端口能够在多长时间内成为转发端口：

```
Switch-3# ping 192.168.1.2 ntimes 1000
! 使用 ping 命令的 ntimes 参数指定 ping 的次数
……

Success rate is 99 percent (998/1000), round-trip min/avg/max = 1/1/10 ms
! 可看到替换端口变成转发端口过程中，丢失 2 个 ping 包，中断时间小于 20ms。
```

项目十　实施访问控制列表安全

核心技术

◆ 实施访问控制列表安全

学习目标

◆ 访问控制列表技术
◆ 基于编号标准访问控制列表
◆ 基于编号扩展访问控制列表
◆ 基于时间访问控制列表技术

10.1 访问控制列表技术

访问控制列表技术是一种重要的数据包安全检查技术，配置在三层网络互联设备上，为连接的网络提供安全保护功能。访问控制列表中配置了一组网络安全控制和检查的命令列表，通过应用该列表在交换机或者路由器的三层接口上，这些安全指令列表将检测三层设备的工作状态，允许哪些数据包可以通过三层设备，哪些数据包将被拒绝。至于具有什么样特征的数据包被接收还是被拒绝，由数据包中携带的源地址、目的地址、端口号、协议等包的特征信息和访问控制列表中的指令匹配来决定。

访问控制列表 ACL（Access Control List）技术通过对网络中所有的输入和输出访问的数据流进行控制，过滤掉网络中非法的、未授权的数据服务包。通过限制网络中的非法数据流，实现对通信流量起到控制的作用，提高网络安全性能。

ACL 安全技术是一种应用在交换机与路由器上的三层安全技术，其主要目的是对网络数据通信进行过滤，从而实现各种安全访问控制需求。ACL 技术通过数据包中的五元组（源 IP 地址、目标 IP 地址、协议号、源端口号、目标端口号）来区分网络中特定的数据流，并对匹配预设规则成功的数据采取相应的措施，允许（permit）或拒绝（deny）数据通过，从而实现对网络的安全控制。

10.1.1 访问控制列表概述

1. 什么是访问控制列表（ACL）技术

访问控制列表 ACL 安全技术简单的说法便是数据包过滤。网络管理人员通过对网络互联设备的配置管理，来实施对网络中通过的数据包的过滤，从而实现对网络中的资源进行访问输入和输出的访问控制。配置在网络互联设备中的访问控制列表 ACL 实际上是一张规则检查表，这些表中包含了很多简单的指令规则，告诉交换机或者路由器设备，哪些数据包可以接收，哪些数据包需要被拒绝。

交换机或者路由器设备按照 ACL 中的指令顺序执行这些规则，处理每一个进入或输出端口的数据包，实现对进入或者流出网络互联设备中的数据流过滤。通过在网络互联设备中灵活地增加访问控制列表，可以作为一种网络控制的有力工具，过滤流入和流出数据包，确保网络的安全，因此 ACL 也称为软件防火墙，如图 10-1 所示。

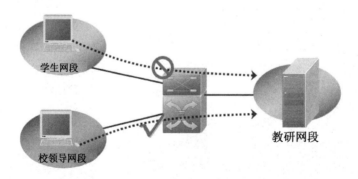

图 10-1 ACL 控制不同的数据流通过网络

2．访问控制列表的作用

ACL 提供一种安全访问选择机制，可以控制和过滤通过网络互联设备上接口信息流，对该接口上进入、流出的数据进行安全检测。其主要的安全功能如下。

（1）提供网络安全访问控制手段。如允许主机 A 访问 FTP 网络，而拒绝主机 B 访问。

（2）过滤数据流。ACL 应用在网络设备的输入、输出接口处，决定不同类型的通信流被转发或阻塞。如允许 E-mail 访问，而拒绝 Telnet 服务。

（3）限制网络访问流量，从而提高网络性能。ACL 可以根据数据包中标识的协议信息，指定数据包的优先级。

（4）提供对通信流量的控制手段。ACL 可以限定或简化路由更新信息的长度，从而限制通过某一网段的通信流……

3．使用访问控制列表

首先需要在网络互联设备上定义 ACL 规则，然后将定义好的规则应用到检查的接口上。该接口一旦激活以后，就自动按照 ACL 中配置的命令，针对进出的每一个数据包特征进行匹配，决定该数据包被允许通过还是拒绝。在数据包匹配检查的过程中，指令的执行顺序自上向下匹配数据包，逻辑地进行检查和处理。

如果一个数据包头特征的信息与访问控制列表中的某一语句不匹配，则继续检测和匹配列表中的下一条语句，直达最后执行隐含的规则，ACL 具体的执行流程如图 10-2 所示。

所有的数据包在通过启用了访问控制列表的接口时，都需要找到与自己匹配的指令语句。如果某个数据包匹配到访问控制列表的最后，还没有与其相匹配的特征语句，按照一切危险的将被禁止的安全规则，该数据包仍将被隐含的"拒绝"语句拒绝通过。

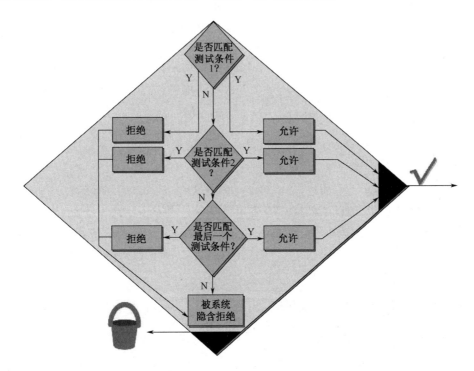

图 10-2 ACL 控制信息包过程

10.1.2　访问控制列表分类

根据访问控制标准不同，ACL 分多种类型，实现不同网络安全访问控制权限。

常见 ACL 有两类：标准访问控制列表（Standard IP ACL）和扩展访问控制列表（Extended IP ACL），在规则中使用不同的编号区别，其中标准访问控制列表的编号取值范围为 1~99；扩展访问控制列表的编号取值范围为 100~199。

两种编号的 ACL 区别是，标准的编号 ACL 只匹配、检查数据包中携带的源地址信息；扩展编号 ACL 不仅仅匹配数据包中源地址信息，还检查数据包的目的地址，以及数据包的特定协议类型、端口号等。扩展访问控制列表规则大大扩展了网络互联设备对三层数据流的检查细节，为网络的安全访问提供了更多的访问控制功能。

10.2　基于编号标准访问控制列表

标准访问控制列表（Standard IP ACL）检查数据包的源地址信息，数据包在通过网络设备时，设备解析 IP 数据包中的源地址信息，对匹配成功的数据包采取拒绝或允许操作。在编制标准的访问控制列表规则时，使用编号 1 到 99 值来区别同一设备上配置的不同标准访问控制列表条数。

标准访问控制列表中，对数据的检查元素仅是源 IP 地址。部署 ACL 技术的顺序是：分析需求；编写规则；根据需求与网络结构将规则应用于交换机或路由的特定接口。

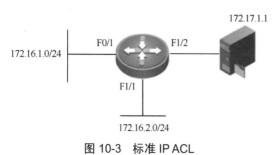

图 10-3　标准 IP ACL

为帮助理解标准访问控制列表应用规则，下面以一个标准访问控制列表为例，说明应用 ACL 时的步骤及注意事项。

某企业一分公司，内部规划使用 IP 地址为 C 类 172.16.0.0。通过公司的网络中心控制所有网络。现在公司规定只允许来自 172.16.1.0 网络主机访问服务器 172.17.1.1，其他网络中的主机禁止访问服务器 172.17.1.1 服务，网络结构如图 10-3 所示。

10.2.1　标准的 IP ACL 需求分析

标准访问控制列表 ACL 只检查 IP 数据包中源 IP 地址信息，以达到控制网络中数据包的流向。在安全设施过程中，要阻止来自某一特定网络中所有的通信流，或允许来自某一特定网络的所有通信流，使用标准访问控制列表来实现。标准访问控制列表检查路由中数据包源地址，允许或拒绝基于网络、子网或主机 IP 地址通信流，通过网络设备端口。

在以上某公司的网络安全需求中，172.16.1.0/24 网段内的主机不可访问 IP 地址为 172.17.1.1 的服务器，其他主机访问服务器不受限制。要实现这点，需要在公司网络中心的路由器上配置标准型访问控制列表，实施网络安全。

10.2.2　编写标准的 IP ACL 规则

在网络互联设备上配置标准访问控制列表规则，使用以下的语法格式：

```
Access-list list-number {permit | deny} source--address [ wildcard-mask ]
```

其中：

（1）access-list-number：所创建的 ACL 的编号，区别不同 ACL 规则序号，标准的 IP ACL 的编号范围是 1～99 和 1300～1999。

（2）permit | deny：对匹配此规则的数据包需要采取的措施，permit 表示允许数据包通过，deny 表示拒绝数据包通过。

（3）any：表示任何源地址。

（4）source：需要检测的源 IP 地址或网段。

（5）source-wildcard 为需检测的源 IP 地址的反向子网掩码，是源 IP 地址通配符比较位，也称反掩码，限定匹配网络范围。

在本例中，只需要过滤源 IP 地址属于 172.16.1.0 网段数据，因此源 IP 前 3 个字段为需要检查字段，所以在本例中 IP ACL 规则可以写为：

```
Router # configure terminal
Router (config) # access-list 1 permit  172.16.1.0  0.0.255.255
                ！ 允许所有来自 172.16.1.0 网络中数据包通过，访问 FTP 服务器
Router (config) # access-list 1 deny  0.0.0.0  255.255.255.255
                ！  其他所有网络的数据包都将丢弃，禁止访问 FTP 服务器
```

IP 地址后面配置的通配符屏蔽码为 0.0.0.255，表示检查控制网络的范围。

在应用 ACL 时需要注意的是，在 ACL 中，默认规则是拒绝所有。也就是说，在上述访问控制列表规则中还有一条隐含规则：access-list 1 deny any。

ACL 的检查原则是从上至下，逐条匹配，一旦匹配成功就执行动作，跳出列表。如果访问控制列表中的所有规则都不匹配，就执行默认规则，拒绝所有。如本例中的访问控制列表规则会拒绝所有的数量流量，所以编写访问控制列表规则的时候，一定需要注意最后的默认规则拒绝所有。

这样修改后，将规则应用于端口时，只会对 172.16.1.0 网段的主机访问服务器进行限制。由于 ACL 是自上而下，逐条匹配，在编写 ACL 规则的时候需要考虑的是，更精确的规则通常写在前面，如果允许通过的规则无法一一声明，可以在定义完拒绝通过的规则后利用 permit any 来结束。

当然也可以拒绝来自 172.16.1.0 网络中一台主机上网，对网络中一台主机进行过滤。通过增加通配符掩码 0.0.0.0 达到限制网络范围的目的。如拒绝该网络中 IP 地址为 172.16.1.10 主机访问 FTP 服务器，可以使用下列语句：

```
Router # configure terminal
Router (config) # access-list 1 deny  172.16.1.10  0.0.0.0
Router (config) # access-list 1  permit  any
 ！将来自 172.16.1.0 网络中，IP 地址为 172.16.1.10 的主机发来数据包丢弃，允许网络中其他所有
主机发送来数据包通过
```

对于此种类型的单台主机的访问控制操作，也可以使用 host 关键字来简化操作。host 表示一种精确的匹配，屏蔽码为 0.0.0.0。如以上配置操作采用关键字 host 来表示，则可以书写为：access-list 10 deny host 172.16.1.10。

除可以利用关键字"host"来代表通配符掩码 0.0.0.0 外，关键字"any"也可以作为网络中所有主机的源地址的缩写，代表通配符掩码 0.0.0.0 255.255.255.255 的含义。any 是 255.255.255.255 的简写，表示网络中的所有主机。如 172.16.0.0　255.255.255.255 则指整个 172.16.0.0 网络。

10.2.3　应用标准的 IP ACL 规则

在网络设备上配置好访问控制列表规则后，还需要把配置好的访问控制列表应用在对应的接

口上，只有当这个接口激活以后，匹配规则才开始起作用。因此配置访问控制列表需要以下三个步骤：

（1）定义好访问控制列表规则；

（2）指定访问控制列表所应用的接口；

（3）定义访问控制列表作用于接口上的方向。

访问控制列表主要的应用方向是接入（in）检查和流出（out）检查。in 和 out 参数可以控制接口中不同方向的数据包。相对于设备的某一端口而言，当要对从设备外的数据经端口流入设备时做访问控制，就是入栈（in）应用；当要对从设备内的数据经端口流出设备时做访问控制，就是出栈（out）应用。如果不配置该参数，默认为 out。

将一个标准的 ACL 规则应用到某一接口上，其语法指令为：

```
Router # configure terminal
Router (config) # interface fa0/1
Router (config-if) # IP access-group  list-number  {in | out }
```

如图 10-3 所示，将编制好访问控制列表规则 1 应用于路由器的 Fa1/2 接口上，使用如下命令：

```
Router > configure terminal
Router (config) # interface fa1/2
Router (config-if) # ip access-group 1  out
```

10.3 基于编号扩展访问控制列表

扩展型访问控制列表（Extended IP ACL ）在数据包的过滤和控制方面，增加了更多的精细度和灵活性，具有比标准的 ACL 更强大数据包检查功能。扩展 ACL 不仅检查数据包中的源 IP 地址，还检查数据包中的目的 IP 地址、源端口、目的端口、建立连接和 IP 优先级等特征信息。利用这些选项对数据包特征信息进行匹配。

扩展 ACL 使用编号范围从 100 到 199 的值标识区别同一接口上多条列表。和标准 ACL 相比，扩展 ACL 也存在一些缺点：一是配置管理难度加大，考虑不周很容易限制正常的访问；二是在没有硬件加速的情况下，扩展 ACL 会消耗路由器 CPU 资源。所以中低档路由器进行网络连接时，应尽量减少扩展 ACL 条数，以提高系统的工作效率。

扩展访问控制列表的指令格式如下：

```
Access-list listnumber {permit | deny} protocol source source- wildcard-mask
destination destination-wildcard-mask [operator  operand ]
```

其中：

listnumber 的标识范围为 100～199；

protocol 是指定需要过滤的协议，如 IP、TCP、UDP、ICMP 等。

source 是源地址 ； destination 是目的地址；wildcard-mask 是 IP 反掩码。

operand 是控制的源端口和目的端口号，默认为全部端口号 0～65535。端口号可以使用数字或者助记符。

operator 是端口控制操作符 "<"（小于）、">"（大于）、"="（等于）以及"!="（不等于）。

其他语法规则中的 deny/permit、源地址和通配符屏蔽码、目的地址和通配符屏蔽码，以及 host/any 的使用方法均与标准访问控制列表语法规则相同。

如图 10-4 所示的企业网络内部结构路由器（一般为三层交换机）连接了二个子网段，地址规划分别为 172.16.4.0/24，172.16.3.0/24。其中在 172.16.4.0/ 24 网段中有一台服务器提供 WWW 服务，其 IP 地址为 172.16.4.13。

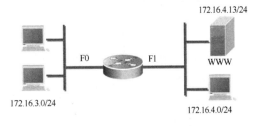

需要进行网络管理任务是：为保护网络中心 172.16.4.0/24 网段安全，禁止其他网络中计算机访问子 网 172.16.4.0，不过可以访问在 172.16.4.0 网络中搭建 WWW 服务器。

图 10-4 扩展 ACL 应用场景

分析网络任务了解到，需要开放的是 WWW 服务，禁止其他所有服务，禁止来自指定网络的数据流。因此选择扩展的访问控制列表进行限制，在路由器上配置命令为：

```
Router(config)#
Router(config)# access-list 101 permit tcp any 172.16.4.13 0.0.0.0 eq www
Router(config)# access-list 101 deny ip any any
```

设置扩展的 ACL 标识号为 101，允许源地址为任意 IP 的主机访问目的地址为 172.16.4.13 的主机上 WWW 服务，其端口标识号为 80。deny any 指令表示拒绝全部。和标准的 ACL 配置一样，配置好的扩展 ACL 需要应用到指定的接口上，才能发挥其应有的控制功能：

```
Router(config)#interface Fastethernet 0/1
Router(config-if)#ip access-group 101 in
```

无论是标准的 ACL 还是扩展的 ACL，如果要取消一条 ACL 匹配规则的话，可以用 no access-list number 命令，每次只能对一条 ACL 命令进行管理。

```
Router(config)# interface ethernet 0
Router(config-if)# no ip access-group 101 in
```

10.4 基于时间访问控制列表技术

在之前介绍的各种 ACL 的规则配置中，可以看到每种 ACL 规则后面都有一个可选的参数 time-range，此参数表示一个时间段。在实际的网络控制中，在不同的时间段，常常需要有不同的控制，如在学校的网络中，希望上课时间禁止学生访问学校的某影视服务器，而下课时间则允许学生访问。

在这种需求下，ACL 需要和时间段结合起来应用，即基于时间的 ACL。事实上，基于时间的 ACL 只是在 ACL 规则后面使用 time-range 选项为此规则指定一个时间段，只有在此时间范围内此规则才会生效，各类 ACL 规则均可以使用时间段。

时间段可分为两种类型：绝对（absolute）时间段、周期（periodic）时间段。

绝对时间段：表示一个时间范围，即从某时刻开始到某时刻结束，如 1 月 5 日早晨 8 点到 3 月 6 日的早晨 8 点。

周期时间段：表示一个时间周期，如每天的早晨 8 点到晚上 6 点，或者每周一到每周五的早晨 8 点到晚上 6 点，也就是说周期时间段不是一个连续的时间范围，而是特定某天的某个时间段。

1. 创建时间段

在全局模式下，使用如下命令创建并配置时间段：

```
time-range time-range-name    ! time-range-name 表示时间段的名称
```

2．配置绝对时间段

在时间段配置模式下，使用如下命令配置绝对时间段：

```
absolute { start time date [ end time date ] | end time date }
```

- **start** time date：表示时间段的起始时间。time 表示时间，格式为 "hh:mm"。date 表示日期，格式为 "日 月 年"。
- **end** time date：表示时间段的结束时间，格式与起始时间相同。

在配置绝对时间段时，可以只配置起始时间，或者只配置结束时间。以下为 2007 年 1 月 1 日 8 点到 2008 年 2 月 1 日 10 点，使用绝对时间段范围表示的配置示例：

```
absolute start 08:00 1 Jan 2007 end 10:00 1 Feb 2008
```

3．配置周期时间段

在时间段配置模式下，使用如下命令配置绝对时间段：

```
periodic day-of-the-week hh:mm to [ day-of-the-week ] hh:mm
periodic { weekdays | weekend | daily } hh:mm to hh:mm
```

其中：

- day-of-the-week：表示一个星期内的一天或者几天，Monday、Tuesday、Wednesday、Thursday、Friday、Saturday、Sunday。
- hh:mm：表示时间。
- weekdays：表示周一到周五。
- weekend：表示周六到周日。
- daily：表示一周中的每一天。

以下为每周一到周五早晨 9 点到晚上 18 点，使用周期时间段范围表示的配置示例：

```
periodic weekdays 09:00 to 18:00
```

4．应用时间段

配置完时间段后，在 ACL 规则中使用 time-range 参数引用时间段后才生效，但只有配置了 time-range 规则才会在指定时间段内生效，其他未引用时间段规则将不受影响。

图 10-5 所示为某公司网络，需要配置访问控制规则，在上班时间（9：00~18：00）不允许员工（172.16.1.0/24）访问 Internet，下班时间可以访问 Internet 上 Web 服务。

以下示例为配置基于时间的 ACL。

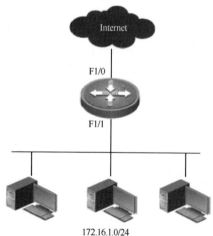

图 10-5 基于时间的 ACL

```
Router#configure terminal
Router(config)#time-range off-work
Router(config-time-range)#periodic weekdays 09:00
to 18:00
Router(config-time-range)#exit

Router(config)#access-list 100 deny ip 172.16.1.0
0.0.0.255 any time-range off-work
```

```
Router(config)#access-list 100 permit tcp 172.16.1.0 0.0.0.255 any eq www
Router(config)#interface fastEthernet 1/1
Router(config-if)#ip access-group 100 in
Router(config-if)# end
```

在以上示例中，第一条 ACL 规则为拒绝 172.16.1.0/24 主机访问 Internet，在此规则中引用一个时间段 "off-work"，只有在此时间段定义的时间范围内此条规则才会生效，如果当前时间不在此时间范围内，则系统会跳过此条规则去检查下一条规则，即下班时间可以访问 Internet 的 WWW 服务。最后将此 ACL 应用到内部接口的入方向以实现过滤。

10.5　安全项目实施方案（1）

实施基于 IP 标准访问控制列表，保护子网安全。

 任务描述

张明从学校毕业，分配至顶新公司网络中心，承担公司网络管理员工作，维护和管理公司中所有的网络设备。

顶新公司构建互联互通的办公网络。为了保护公司内部用户销售数据安全，实施内网安全防范措施。公司网络核心使用一台三层路由设备，连接公司几个不同区域子网络：一方面实现办公网络互联互通，另一方面把办公网络接入 Internet 网络。

之前，由于没有实施部门网络安全策略，出现非业务后勤部门登录到销售部网络，查看销售部销售数据。为了保证企业内网安全，公司实施标准的访问控制列表技术，禁止非业务后勤部门访问销售部网络，其他业务部门，如财务部门则允许访问。

 **网络拓扑**

如图 10-6 所示的网络拓扑，为丰乐公司企业网工作场景。

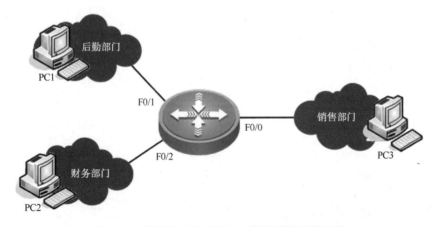

图 10-6　基于编号 IP 标准访问控制列表实验拓扑

【实训目标】

学习标准编号 ACL 访问规则，实施部门间安全隔离，熟悉 IP ACL 技术实施应用环境。

【实验设备】

路由器（1 台）、计算机（若干）、双绞线（若干）。

【实验步骤】

第一步：安装网络工作环境

按图 10-6 所示的网络拓扑，连接设备组建网络，注意设备连接的接口标识。

第二步：配置 PC 设备地址

如表 10-1 所示的地址信息，给办公室中设备配置表 10-1 所示的 IP 地址。

表 10-1 办公网地址规划信息

设　　备	IP 地址	网　　关	接　　口	备　　注
PC1	192.168.1.2/24	192.168.1.1	F0/1	后勤部门 PC
PC2	192.168.2.2/24	192.168.2.1	F0/2	财务部门 PC
PC3	192.168.3.2/24	192.168.3.1	F0/0	销售部门 PC
路由器	192.168.1.1/24	\	F0/1	连接后勤部网络
	192.168.2.1/24	\	F0/2	连接财务部网络
	192.168.3.1/24	\	F0/0	连接销售部网络

第三步：配置路由器基本信息

```
Router # configure
Router(config-if) # int fastEthernet 0/1          ! 配置后勤部门的网络接口
Router(config-if) # ip address 192.168.1.1 255.255.255.0
Router(config-if) # no shutdown
Router(config-if) # exit

Router(config-if) # int fastEthernet 0/2          !配置财务部门的网络接口
Router(config-if) # ip address 192.168.2.1 255.255.255.0
Router(config-if) # no shutdown
Router(config-if) # exit
Router(config) # int fastEthernet 0/0             !配置销售部门的网络接口
Router(config-if) # ip address 192.168.3.1 255.255.255.0
Router(config-if) # no shutdown
Router(config-if) # end

Router # show ip route          !查看直连路由表
Codes:  C - connected, S - static,  R - RIP B - BGP
        O - OSPF, IA - OSPF inter area
        N1 - OSPF NSSA external type 1, N2 - OSPF NSSA external type 2
        E1 - OSPF external type 1, E2 - OSPF external type 2
        i - IS-IS, L1 - IS-IS level-1, L2 - IS-IS level-2, ia - IS-IS inter area
        * - candidate default
Gateway of last resort is no set
C    192.168.1.0/24 is directly connected, FastEthernet 0/1
C    192.168.1.1/32 is local host.
C    192.168.2.0/24 is directly connected, FastEthernet 0/2
C    192.168.2.1/32 is local host.
C    192.168.3.0/24 is directly connected, FastEthernet 0/0
C    192.168.3.1/32 is local host.
```

第四步：网络测试（1）

（1）按照表 10-1 中规划网络中计算机地址，给所有计算机配置 IP 地址。

（2）从 PC1 测试、访问网络中其他计算机安全验证。

打开后勤部门 PC1：开始 → CMD → 转到 DOS 工作模式，输入以下命令：

```
●  ping 192.168.2.2
!!!!        ! 由于直连网段连接，能 ping 通目标 PC2
●  ping 192.168.3.2
!!!!        ! 由于直连网段连接，能 ping 通目标 PC3
```

由于路由器直接连接三个不同部门的子网络，因此所有网络之间应该能直接通信。

第五步：配置基于编号 IP 标准访问控制列表

由于公司禁止内部其他非业务部门（如后勤部）网络，访问销售部门网络。按照安全规则，禁止来自源网络的数据，可通过标准的 IP ACL 技术实现。

```
Router# configure
Router(config) # access-list 1 deny 192.168.1.0  0.0.0.255
! 拒绝后勤部门网络访问
Router(config) # access-list 1 permit any ! 允许其他部门（财务部门）网络访问
Router(config) # int fa0/0              ! 把安全规则放置在保护目标销售部门最近出口
Router(config-if) # ip access-group 1 out ! 把安全规则使用在接口的出方向上
Router(config-if) # no shutdown
```

第六步：网络测试（2）

（1）从 PC1 上，使用 ping 命令测试，访问网络中其他计算机连通。

（2）从 PC1 测试、访问网络中其他计算机安全验证。

打开后勤部门 PC1：开始→CMD→转到 DOS 工作模式，输入以下命令：

```
●  ping 192.168.2.2
!!!!        ! 由于直连网段连接，能 ping 通目标 PC2
●  ping 192.168.3.2
....        ! 由于 IP ACL 实施安全规范，不能 ping 通目标 PC3
```

由于在路由器实施标准的访问控制列表技术，保护销售部门网络安全。因此后勤部门 PC1，能和办公网络中其他计算机（如 PC2）通信，但不能和销售部门计算机 PC3 通信（安全规则规定：禁止后勤部门访问销售部门网络）。

10.6 安全项目实施方案（2）

实施扩展 IP ACL，限制网络访问流量。

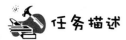
任务描述

张明从学校毕业，分配至顶新公司网络中心，承担公司网络管理员工作，维护和管理公司中所有的网络设备。顶新公司构建互联互通的办公网络。为了保护公司内部用户销售数据安全，实施内网安全防范措施。

公司的总部位于北京，北京总部的网络核心使用一台三层路由设备连接不同子网，构建企业办公网络。通过三层技术一方面实现办公网络互联互通；另一方面把办公网络接入 Internet

网络。

公司在天津设有一分公司，使用三层设备的专线技术，借助 Internet 和总部网络实现连通。由于天津分公司网络安全措施不严密，公司规定，天津分公司网络只允许访问北京总公司内网中的 Web 等公开信息资源，限制其访问北京总公司内网中共享 FTP 服务器资源。

 实训目的

学习基于编号扩展 IP ACL 访问规则，限制网络访问范围以及限制网络访问流量，熟悉该技术实施的应用环境。

 网络拓扑

如图 10-7 所示的网络拓扑，为丰乐公司企业网北京总部和天津分公司办公网络连接的模拟工作场景。

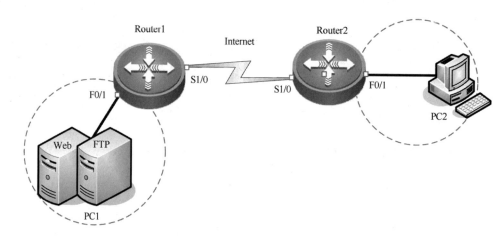

图 10-7　基于编号扩展 IP ACL 访问控制列表网络拓扑

IP 地址规划信息如表 10-2 所示。

表 10-2　IP 地址规划信息

设　备	接　口	接口地址	网　关	备　注
Router1	F0/1	172.16.1.1/24	\	公司北京总部办公网络接口
	S1/0	172.16.2.1/24	\	接入互联网专线接口
Router2	S1/0	172.16.2.2/24		分公司接入互联网专线接口
	F0/1	172.16.3.1/24	\	天津分公司办公网络接口
PC1		172.16.1.2/24	172.16.1.1/24	公司总部办公网络服务器
PC2		172.16.3.2/24	192.168.3.1/24	天津分公司办公网络设备

【实训设备】
路由器（2 台），V35DCE（1 根）、V35DTE（1 根），网线（若干），PC（若干）。
【实验步骤】
第一步：安装网络工作环境
按图 10-7 的网络拓扑，连接设备，组建网络，注意设备连接的接口标识。

第二步：配置公司北京总部路由器

```
Router# configure terminal
Router (config) # hostname Router1                    ! 配置公司北京总部路由器的名称
Router1(config) # interface fastEthernet 1/0
Router1(config-if) # ip address 172.16.1.1 255.255.255.0 ! 配置接口地址
Router1(config-if) # no shutdown
Router1(config-if) # exit

Router1(config) # interface Serial1/0
Router1(config-if) # clock rate 64000                ! 配置 Router 的 DCE 时钟频率
Router1(config-if) # ip address 172.16.2.1 255.255.255.0 ! 配置 V35 接口 IP 地址
Router1(config-if) # no shutdown
Router1(config-if) # end
```

第三步：配置天津分公司路由器

```
Router# configure terminal
Router (config) # hostname Router2                    ! 配置天津分公司路由器的名称
Router2(config) # interface Serial1/0                 ! 配置 Router 的 DTE 接口
Router2(config-if) # ip address 172.16.2.2 255.255.255.0 ! 配置 V35 接口地址
Router2(config-if) # no shutdown
Router2(config-if) # exit

Router2(config) # interface fastEthernet 1/0
Router2(config-if) # ip address 172.16.3.1 255.255.255.0 ! 配置分公司办公网络接口地址
Router2(config-if) # no shutdown
Router2(config-if) # end
```

第四步：配置路由器单区域 OSPF 动态路由

```
Router1(config) #                           ! 配置北京总部路由器
Router1(config) # router ospf               ! 启用 OSPF 路由协议
Router1(config-router) # network 172.16.1.0 0.0.0.255 area 0
Router1(config-router) # network 172.16.2.0 0.0.0.255 area 0
! 对外发布直连网段信息，并宣告该接口所在骨干（area 0）区域号
Router1(config-router) # end

Router2(config) #                           ! 配置天津分公司路由器
Router2(config) # router ospf               ! 启用 OSPF 路由协议
Router2(config-router) # network 172.16.2.0 0.0.0.255 area 0
Router2(config-router) # network 172.16.3.0 0.0.0.255 area 0
! 对外发布直连网段信息，并宣告该接口所在骨干（area 0）区域号
Router2(config-router) # end

Router1 # show ip route                     ! 查看公司北京总部的路由表
Codes: C - connected, S - static, R - RIP B - BGP
       O - OSPF, IA - OSPF inter area
     N1 - OSPF NSSA external type 1, N2 - OSPF NSSA external type 2
     E1 - OSPF external type 1, E2 - OSPF external type 2
     i - IS-IS, L1 - IS-IS level-1, L2 - IS-IS level-2, ia - IS-IS inter area
     * - candidate default
Gateway of last resort is no set
C    172.16.1.0/24 is directly connected, FastEthernet 0/1
```

```
C      172.16.1.1/32 is local host.
C      172.16.2.0/24 is directly connected, serial 1/0
C      172.16.2.1/32 is local host.
O      172.16.3.0/24 [110/51] via 172.16.2.1, 00:00:21, serial 1/0
! 查看路由表发现，产生全网络的 OSPF 动态路由信息
```

第五步：测试全网连通状态（1）

（1）配置全网 PC 的 IP 地址信息

按照表 10-2 规划地址信息，配置 PC1、PC2 设备 IP 地址、网关，配置过程为：网络→本地连接→右键→属性→TCP/IP 属性→使用下面 IP 地址。

（2）使用 ping 命令测试网络连通

打开天津分公司 PC2，使用"CMD"→转到 DOS 工作模式，输入以下命令：

```
●  ping 172.16.3.1
!!!!           ! 由于直连网络连接，天津分公司 PC2 能 ping 通目标网关
●  ping 172.16.2.1
!!!!           ! 通过动态路由，天津分公司 PC2 能 ping 通公司总部出口网关
●  ping 172.16.1.2
!!!!           ! 通过动态路由，能 ping 通公司北京总部办公网络设备 PC1。
```

第六步：配置基于编号 IP 扩展的访问控制列表

按照公司北京总部的安全规则：只允许分公司的设备访问公司总部网络中的 Web 服务等公开资源，禁止访问存放内部销售数据库的 FTP 服务器资源。由于禁止访问总部内网中的某项服务，按照规则，通过扩展的 IP ACL 技术实现。

扩展的 IP ACL 技术可以选择在任意的网络设备配置，都可实现过滤数据包安全。

考虑到扩展 IP ACL 技术规则匹配 IP 数据包的精准，建议放置在离数据包出发地点最近设备上配置，更能优化网络传输效率。

```
Router2# configure
Router2(config) # access-list 101 deny tcp 172.16.3.0 0.0.0.255 172.16.1.0
0.0.0.255
eq ftp                    ! 拒绝天津分公司网络访问北京总部的 FTP 服务
Router2(config) # access-list 101 permit ip any any
! 允许访问公司其他所有公开服务

Router2(config) # interface fa0/1            ! 把安全规则放置在数据发源地最近的出口
Router2(config-if) # ip access-group 101 in   ! 把安全规则使用在接口入方向上
Router2(config-if) # no shutdown
Router2(config-if) #end

Router2#show access-lists              ! 显示全部的访问控制列表内容
......
Router2#show access-lists 101          ! 显示指定的访问控制列表内容
......
Router2#show ip interface f0/1         ! 显示接口的访问列表应用
......
Router2#show running-config            ! 显示配置文件中的访问控制列表内容
......
```

第七步：测试全网连通状态（2）

打开天津分公司 PC2，使用"CMD"→转到 DOS 工作模式，输入以下命令：

- ping 172.16.3.1
!!!!　　　！由于直连网络连接，天津分公司 PC2 能 ping 通目标网关
- ping 172.16.2.1
!!!!　　　！天津分公司 PC2 能 ping 通总部网关，因为拒绝 FTP 数据流，不是测试数据流。
- ping 172.16.1.2
!!!!　　　！天津分公司 PC2 能 ping 通总部服务器 PC1，拒绝 FTP 数据流，不是测试数据流。

第八步：测试全网连通状态（3）

打开北京总公司服务器 PC1，使用 IIS 程序搭建 Web 网络服务器，搭建 FTP 网络服务器。使用 IIS 程序搭建网络服务器过程，见相关的网络上教程，此处省略。

搭建完成相关网络服务器测试环境后，打开天津分公司 PC2，打开 IE 浏览器程序，测试网络资源共享情况：

- http:// 172.16.1.2
!!!!　　　！由于允许访问 Web 资源，分公司 PC2 能访问总公司的 Web 服务器
- Ftp:// 172.16.1.2
……　　　！由于拒绝访问 FTP 资源，分公司 PC2 被拒绝访问总公司的 FTP 服务器

项目十一　实施防火墙设备安全

核心技术

◆ 实施防火墙设备安全，防止来自外网攻击安全

学习目标

◆ 防火墙概述
◆ 防火墙的分类
◆ 防火墙关键技术
◆ 在网络中部署防火墙

11.1　防火墙概述

11.1.1　防火墙的概念

过去的时候，人们为了防止火灾在木质结构的房屋之间蔓延，会在房屋周围用砖石堆砌成墙作为屏障，这种起到防护作用的墙被称为"防火墙"。在今天的电子信息时代，人们借用了这个概念，称保护敏感数据不被窃取和篡改的专用计算机系统或设备为"防火墙"。

防火墙的英文名为"FireWall"，它是目前一种最重要的网络防护设备，下面就来详细地介绍防火墙的概念、功能和体系结构等内容。

一般来说，防火墙是指设置在不同网络（如可信任的企业内部网络和不可信的公共网络）或网络安全域之间的一系列部件的组合。防火墙犹如一道护栏隔在被保护的内部网络与不安全的外部网络之间，其作用是阻断来自外部的、针对内部网络的入侵和威胁，保护内部网络的安全。它是不同网络或网络安全域之间信息的唯一出入口，能根据企业的安全策略控制（允许、拒绝、监测）出入网络的信息流，且本身具有较强的抗攻击能力。

防火墙提供信息安全服务，是在两个网络通信时执行的一种访问控制手段，如同大楼的警卫一般，能允许"同意"的人进入，而将"不同意"的人拒之门外，最大限度地阻止破坏者访问你的网络，防止他们更改、复制和毁坏你的重要信息。换句话说，如果不通过防火墙，公司内部的人就无法访问 Internet，Internet 上的人也无法和公司内部人进行通信。

防火墙是一种非常有效的网络安全模型。随着网络规模的不断扩大，安全问题上的失误和缺陷越来越普遍，对网络的入侵不仅来自高超的攻击手段，也有可能来自配置上的低级错误或不合适的口令选择。而防火墙的作用就是防止不希望的、未授权的信息进出被保护的网络。因此，防火墙正在成为控制对网络系统访问的非常流行的方法。作为第一道安全防线，防火墙已经成为世界上用得最多的网络安全产品之一。

图 11-1 是一个基本的防火墙系统。在逻辑上，防火墙既是一个分离器，也是一个限制器，还是一个分析器。它有效地监控了内部网络（Trust Zone）和 Internet（Untrust Zone）之间的任何活动，并将服务器隔离在 DMZ（Demilitarized Zone，非军事区）区域内，保证了内部网络的安全。

防火墙的 DMZ 区域直译为非军事区或停火区，就是指介于内网（可信任区）和外网（不可信任区）之间的一个中间公共访问区域（独立网络），目的在于在向外界提供在线服务的同时，阻止外部用户直接访问内网，以确保内部网络环境的安全。

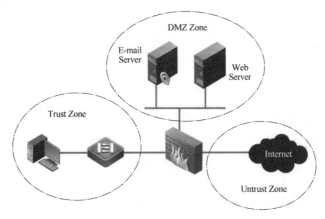

图 11-1　基本的防火墙系统

11.1.2　防火墙的功能

1．防火墙是网络的安全屏障

一个防火墙作为一个边界上的控制点，能极大地提高一个内部网络的安全性，并通过过滤不安全的服务而降低风险。由于只有经过精心选择的应用协议才能通过防火墙，因此网络环境变得更安全。例如，防火墙可以禁止众所周知的不安全协议进出受保护的网络，这样外部的攻击者就不可能利用这些脆弱的协议来攻击内部网络。防火墙同时可以保护网络免受大部分的攻击，并在阻止了攻击时通知防火墙管理员。

2．防火墙可以强化网络安全策略

通过以防火墙为中心的安全方案配置，能将所有安全软件（如口令、加密、身份认证、审计等）配置在防火墙上。与将网络安全问题分散到各个主机上相比，防火墙的集中安全管理更经济。例如，在网络访问时，一次一密口令系统和其他的身份认证系统完全可以不必分散在各个主机上，而集中在防火墙上。

3．对网络存取和访问进行监控审计

如果所有的访问都经过防火墙，那么防火墙就能记录下这些访问并作出日志记录，同时也能提供网络使用情况的统计数据。当发生可疑动作时，防火墙能进行适当的报警，并提供网络是否受到监测和攻击的详细信息。另外，收集一个网络的使用和误用情况也是非常重要的。首先的理由是可以清楚防火墙是否能够抵挡攻击者的探测和攻击，并且清楚防火墙的控制是否充足。而网络使用统计对网络需求分析和威胁分析等而言也是非常重要的。

4．防止内部信息的外泄

通过利用防火墙对内部网络不同安全区域的划分，可实现内部网络重点网段的隔离，从而限制了重点区域或敏感网络安全问题对全局网络造成的影响。再者，隐私是内部网络非常关心的问题，一个内部网络中不引人注意的细节可能包含了有关安全的线索而引起外部攻击者的兴趣，甚至因此而暴露了内部网络的某些安全漏洞。使用防火墙就可以隐蔽那些可能透露内部细节的服务，如早期的 Finger 服务和现在的DNS服务等。Finger 服务是在早期的 UNIX 系统上使用的一种服务，可以显示主机的所有用户的注册名、真名，最后登录时间和使用 Shell 类型等。但是 Finger显示的信息非常容易被攻击者所获悉。攻击者可以知道一个系统使用的频繁程度，这个系统是否有用户正在连线上网，这个系统是否在被攻击时引起注意等。防火墙可以同样阻塞有关内部网络中的 DNS 信息，这样一台主机的域名和 IP 地址就不会被外界所了解。

11.1.3　防火墙的弱点

防火墙提高了主机整体的安全性，因而给网络带来了众多好处，不过它也有自身的一些弱点，不能解决所有的安全问题，例如：

1．来自内部网络的攻击

目前防火墙只能够防护来自外部网络用户的攻击，对来自内部网络用户的攻击只能依靠其他的安全防护手段。

2．不经由防火墙的攻击

如果允许从受保护的内部网络不受限制的向外拨号，一些用户可以形成与 Internet 的直接连接，从而绕过防火墙，形成一个潜在的后门攻击渠道。例如，在一个被保护的网络上有一个没有限制的拨号访问，内部网络上的用户就可以直接进入 Internet，这就为从后门攻击创造了极大的可能性，如图 11-2所示。

要使防火墙发挥作用，防火墙就必须成为整个网络安全架构中不可绕过的部分。

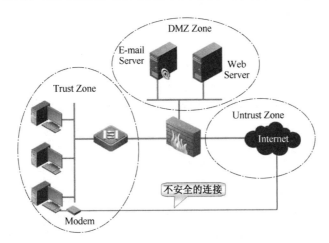

图 11-2　网络中的不安全通道

3．病毒的传输

防火墙不能有效地防范病毒的入侵。在网络上传输二进制文件的编码方式有很多，病毒的数量、种类也很多，因此防火墙不可能扫描到每一个文件，查找潜在的所有病毒。目前，已经有一些防火墙厂商将病毒检测模块集成到防火墙系统中，并通过一些技术手段解决由此产生的效率和性能的问题。

4．利用标准网络协议的缺陷进行的攻击

一旦防火墙准许某些标准网络协议，它就不能防止利用该协议中的缺陷进行的攻击。例如 TCP SYN Flood 攻击，它是一种常见而且有效的远程 DoS （Denial of Service，拒绝服务）攻击方式，可以通过一定的操作破坏 TCP 三次握手建立正常连接，占用并耗费系统资源，使得提供 TCP 服务的主机系统无法正常工作。

5．利用服务器系统漏洞进行的攻击

如果攻击者利用防火墙准许的访问端口，对该服务器的漏洞进行攻击，防火墙不能防止。

6．新的网络安全问题

防火墙是一种被动式的防护手段，它只能对现在已知的网络威胁起作用。随着网络攻击手段的不断更新和一些新的网络应用的出现，不可能依靠一次性的防火墙设置来解决永远的网络安全问题。

7．限制了有用的网络服务

防火墙为了提高被保护网络的安全性，限制或关闭了很多有用但存在安全缺陷的网络服务。

由于绝大多数网络服务设计之初并没有考虑安全性，只考虑使用的方便性和资源共享，所以都存在安全问题。这样防火墙一旦全部限制这些网络服务，就使很多合法的服务使用也被阻断了。

因此可以看到，防火墙也只是整体安全防范策略的一部分，不能解决所有安全问题。

11.2　防火墙的分类

从不同的角度可以将防火墙分为各种不同的类型。

1. 从防火墙的软、硬件形式进行分类

从防火墙的软、硬件形式来分，可以分为软件防火墙、硬件防火墙和芯片级防火墙。

（1）软件防火墙。

软件防火墙运行于特定的计算机上，它需要客户预先安装好计算机操作系统的支持，一般来说这台计算机就是整个网络的网关。软件防火墙就像其他的软件产品一样需要先在计算机上安装并做好配置才可以使用。

（2）硬件防火墙。

这里说的硬件防火墙是指"所谓的硬件防火墙"，之所以加上"所谓"二字是针对芯片级防火墙说的。它们最大的差别在于是否基于专用的硬件平台。目前市场上大多数防火墙都是这种所谓的硬件防火墙，它们都基于 PC 架构，也就是说，它们和普通的家庭用的PC没有太大区别。在这些 PC 架构计算机上运行一些经过裁剪和简化的操作系统，最常用的有老版本的UNIX、Linux和FreeBSD系统。值得注意的是，由于此类防火墙采用的依然是别人的内核，因此依然会受到 OS（操作系统）本身的安全性影响。

（3）芯片级防火墙。

芯片级防火墙基于专门的硬件平台，不需安装通用操作系统。专有的ASIC 芯片促使它们比其他种类的防火墙速度更快，处理能力更强，性能更高。这类防火墙由于是专用 OS（操作系统），因此防火墙本身的漏洞比较少，不过价格相对比较高昂。

2. 从防火墙的技术进行分类

防火墙技术虽然出现许多，但总体来讲可分为"包过滤型"和"应用代理型"两大类。

防火墙所使用的这两种关键技术，以及使用的其他一些技术将在下面进行介绍。

3. 从防火墙的结构进行分类

从防火墙结构上分类，防火墙主要有单一主机防火墙、路由器集成式防火墙和分布式防火墙三种。

（1）单一主机防火墙。

单一主机防火墙其实与一台计算机结构差不多，不过具备非常高的稳定性、实用性，具备非常高的系统吞吐性能，是最传统的防火墙。部署时独立于其他网络设备，位于网络边界。

（2）路由器集成式防火墙。

随着防火墙技术的发展及应用需求的提高，原来作为单一主机的防火墙现在已发生了许多变化。最明显的变化就是现在许多中、高档的路由器中已集成了防火墙功能。

路由器集成式防火墙可以降低企业网络投资，这样企业就不用再同时购买路由器和防火墙，大大降低了网络设备购买成本，但这种防火墙通常是较低级的包过滤型。

（3）分布式防火墙。

现在有些防火墙已不再是一个独立的硬件实体，而是由多个软、硬件组成的系统，这种防火墙，俗称"分布式防火墙"。

分布式防火墙不是位于网络边界，而是渗透于网络的每一台主机，对整个内部网络的主机实施保护。在网络服务器中，通常会安装一个用于防火墙系统管理软件，在服务器及各主机上安装有集成网卡功能的防火墙卡，一块防火墙卡同时兼有网卡和防火墙的双重功能。这样一个防火墙系统就可以彻底保护内部网络。各主机把任何其他主机发送的通信连接都视为"不可信"的，都需要严格过滤。而不是传统边界防火墙那样，仅对外部网络发出的通信请求"不信任"。

4．按防火墙的部署位置进行分类

如果按防火墙应用部署位置分类，可分为边界防火墙、个人防火墙和混合防火墙三大类。

（1）边界防火墙。

边界防火墙是最为传统防火墙，它们于内、外部网络边界，所起作用是对内、外部网络实施隔离，保护边界内部网络。这类防火墙一般都是硬件类型的，价格较贵，性能较好。

（2）个人防火墙。

个人防火墙安装于单台主机中，防护的也只是单台主机。这类防火墙应用于广大的个人用户，通常为软件防火墙，价格最便宜，性能也最差。

（3）混合式防火墙。

混合式防火墙可以说就是"分布式防火墙"或者"嵌入式防火墙"，它是一整套防火墙系统，由若干个软、硬件组件组成，分布于内、外部网络边界和内部各主机之间，既对内、外部网络之间通信进行过滤，又对网络内部各主机间的通信进行过滤。它属于最新的防火墙技术之一，性能最好，价格也最贵。

最后，还可以按照防火墙的吞吐率将防火墙分为百兆、千兆的防火墙。因为防火墙通常位于网络边界，所以对吞吐率要求较高，或者说对带宽要求较高。带宽越宽，性能越高，这样的防火墙因包过滤或应用代理所产生的延时也越小，对整个网络通信性能影响也就越小。

11.3　防火墙关键技术

尽管防火墙采用的技术多种多样，但是按照防火墙对内外来往数据的处理方法，大致可以将防火墙分为两大体系：包过滤防火墙和代理防火墙（应用层网关防火墙），其中包过滤防火墙发展到第二代，发展出了包状态检测的技术。

11.3.1　包过滤防火墙

早期的防火墙和最基本形式的防火墙检查每一个通过的网络包，或者丢弃，或者放行，取决于所建立的一套规则，这称为包过滤防火墙。

包过滤防火墙检查每一个传入包，查看包中可用的基本信息（源地址和目的地址、端口号、协议等），然后，将这些信息与设立的规则相比较，如果规则允许通过，则放行；如果规则拒绝通过，则阻断。例如，已经设立了阻断 Telnet 连接的规则，而包的目的端口是 23 的话，那么该包就会被丢弃。如果允许传入 Web 连接，而目的端口为 80，则包就会被放行。

多个复杂规则的组合也是可行的。如果允许 Web 连接，但只针对特定的服务器，目的端口和目的地址二者必须与规则相匹配，才可以让该包通过。

最后，可以确定当一个包到达时，如果对该包没有规则被定义，通常，为了安全起见，与传入规则不匹配的包就被丢弃了。因此如果有理由让该包通过，就要建立规则来处理它。包过滤防火墙要遵循的一条基本原则是"最小特权原则"，即明确允许那些管理员希望通过的数据包，禁止其他的数据包，如图 11-3 所示。

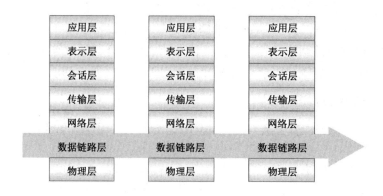

图 11-3 包过滤防火墙

这样的包过滤技术，其实和前面讨论过的路由器上的访问控制列表是一致的。一般情况下，防火墙的包过滤规则可以这样建立：

（1）对来自专用网络的包，如果其源地址为内部地址，则可以通过。这条规则可以防止网络内部的任何人通过欺骗性的源地址发起攻击。而且，如果黑客对专用网络内部的机器具有了不知从何得来的访问权，这种过滤方式可以阻止黑客从网络内部发起攻击。

（2）在公共网络，只允许目的地址为特定服务端口。例如，80 端口的包通过，这条规则只允许传入的连接为 Web 连接，不过这条规则也允许了使用 80 端口的其他连接，所以并不是十分安全。

（3）丢弃从公共网络传入的、但是却具有内网地址为源地址的数据包，从而减少 IP 欺骗性的攻击。

（4）丢弃包含源路由信息的包，以减少源路由攻击。因为在源路由攻击中，传入的包具有路由信息，导致这个数据包不会采取通过网络应采取的正常路由，可能会绕过已有的安全程序。通过忽略源路由信息，防火墙可以减少这种方式的攻击。

11.3.2 状态检测防火墙

状态检测防火墙也被称为动态检测防火墙，它试图跟踪通过防火墙的网络连接和包，这样就可以使用一组附加的标准，以确定是否允许和拒绝通信。状态检测防火墙在基本包过滤防火墙的基础上采用了动态设置包过滤规则的方法，这种技术后来发展成为包状态监测（Stateful Inspection）技术，采用这种技术的防火墙对通过其建立的每一个连接都进行跟踪，并且根据需要可动态地增加或更新过滤规则。

当包过滤防火墙见到一个数据包，这个包是孤立存在的，它没有防火墙所关心的历史或未来。允许和拒绝包的决定完全取决于包自身所包含的信息，如源地址、目的地址、端口号等。包中没有包含任何描述它在信息流中的位置的信息，则该包被认为是无状态的，仅是存在而已。

一个有状态包检查防火墙跟踪的不仅是包中包含的信息。为了跟踪包的状态，防火墙还记录有用的信息以帮助识别包，例如已有的网络连接、数据的传出请求等。

例如，如果传入的数据包包含视频数据流，而防火墙可能已经记录了有关信息，是关于位于某个特定 IP 地址的应用程序最近向该数据包的源地址请求视频信号的信息。如果传入的包是要传给发出请求的相同系统，防火墙进行匹配，包就可以被允许通过。

一个状态检测防火墙可截断所有传入的通信，而允许所有传出的通信。因为防火墙跟踪内部出去的请求，所有按要求传入的数据被允许通过，直到连接被关闭为止。只有未被请求的传入通信被截断，如图 11-4 所示。

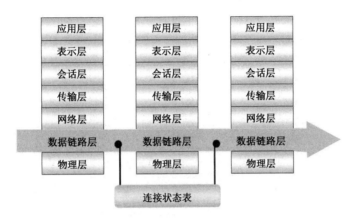

图 11-4　状态检测防火墙

（1）状态检测防火墙的优点有如下。

① 检查 IP 包的每个字段的能力，并遵从基于包中信息的过滤规则。

② 识别带有欺骗性源 IP 地址包的能力。

③ 基于应用程序信息验证一个包的状态的能力， 例如基于一个已经建立的 FTP 连接，允许返回的 FTP 包通过。

④ 记录有关通过的每个包的详细信息的能力。基本上，防火墙用来确定包状态的所有信息都可以被记录，包括应用程序对包的请求，连接的持续时间，内部和外部系统所做的连接请求等。

（2）状态检测防火墙的缺点如下。

状态检测防火墙唯一的缺点就是所有这些记录、测试和分析工作可能会造成网络连接的某种迟滞，特别是在同时有许多连接激活的时候，或者是有大量的过滤网络通信的规则存在时。可是，硬件速度越快，这个问题就越不易察觉，而且防火墙的制造商一直致力于提高他们产品的速度。

11.3.3　代理防火墙

代理防火墙也称为应用层网关（Application Gateway）防火墙。这种防火墙通过一种代理（Proxy）技术参与到一个 TCP 连接的全过程。代理防火墙实际上并不允许在它连接的网络之间直接通信。相反，它是接受来自内部网络特定用户应用程序的通信，然后建立与公共网络服务器单独的连接。网络内部的用户不直接与外部的服务器通信，所以服务器不能直接访问内部网络的任何一部分。这种类型的防火墙被网络安全专家和媒体公认为是最安全的防火墙。它的核心技术就是代理服务器技术。

另外，如果不为特定的应用程序安装代理程序代码，这种服务是不会被支持的，不能建立任何连接。这种建立方式拒绝任何没有明确配置的连接，从而提供额外安全性和控制性。

例如，一个用户的 Web 浏览器可能在 80 端口，但也经常可能是在 1080 端口，外部网络对 Web 服务器的连接被转到了内部网络的 HTTP 代理防火墙。防火墙然后会接受这个连接请求，并把它转到所请求的 Web 服务器。

代理防火墙可以配置成允许来自内部网络的任何连接，也可以配置成要求用户认证后才建立连接。要求认证的方式由只为已知的用户建立连接的这种限制，为安全性提供了额外的保证。如果网络受到危害，这个特征使得从内部发动攻击的可能性大大减少，如图 11-5 所示。

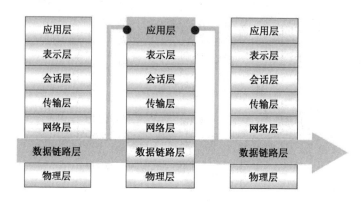

图 11-5 代理防火墙

（1）使用应用程序代理防火墙的优点如下。

① 代理类型防火墙的最突出的优点就是安全。由于每一个内、外网络之间的连接都要通过 Proxy 的介入和转换，通过专门为特定的服务，如 HTTP 编写的安全化的应用程序进行处理，然后由防火墙本身提交请求和应答，没有给内外网络的计算机以任何直接会话的机会，从而避免了入侵者使用数据驱动类型的攻击方式入侵内部网络。包过滤类型的防火墙是很难彻底避免这一漏洞的。

② 通过限制某些协议的传出请求，来减少网络中不必要的服务。

③ 大多数代理防火墙能够记录所有的连接，包括地址和持续时间。这些信息对追踪攻击和发生的未授权访问的事件是很有用的。

（2）使用应用程序代理防火墙的缺点如下。

① 代理防火墙的最大缺点就是速度相对比较慢，当用户对内、外网络网关的吞吐量要求比较高时（如要求达到 75～100Mbps 时），代理防火墙就可能会成为内外网络之间的瓶颈。

② 必须在一定范围内定制用户的系统，这取决于所用的应用程序。

③ 一些应用程序可能根本不支持代理连接。

11.4 在网络中部署防火墙

当一个网络决定采用防火墙来保卫自己的安全之后，下一步要做的事情就是选择一个安全、实惠、合适的防火墙，然后在防火墙上设置特定的安全策略。

现在市场上有大量的防火墙产品，而每一类防火墙都有它的独特的功能特点和技术个性，有时很难选择，不过一般来说，防火墙选型时的基本原则有如下几点：

（1）明确自己的安全和功能需求，从而决定所期望的防火墙产品的安全性、功能和性能；

（2）明确在防火墙上的投资范围和标准，以此来衡量防火墙的性价比；

（3）在相同的基准和条件下，比较不同防火墙的各项指标和参数；

（4）综合考虑网络管理人员的经验、能力和技术素质，考察防火墙产品的管理和维护的手段和方式；

（5）根据实际应用的需求，了解防火墙的附加功能，以及日常维护的手段和策略。

考虑了以上的基本因素后，针对自己的具体要求，然后选择合适于自己环境和需求的防火墙产品。下面介绍一些选购防火墙的具体参考标准。

1．防火墙自身是否安全

作为一种安全设备，防火墙本身必须保证安全，不给外部入侵者可乘之机。安全性主要表现在：是否基于安全的操作系统，是否采用专用的硬件平台。如果是采用商用操作系统的防火墙，则用户必须花大量的时间来加固防火墙运行的操作系统的安全性，在投入运行后，时刻关注新的补丁的出现并及时加固，这样对用户的管理人员要求就比较高。而对于基于专用硬件和操作系统的防火墙，操作系统是专门为防火墙而设计的，这一类的防火墙的安全性只和管理有关系。

2．防火墙的性能

防火墙产品应当具有优良的整体性能，才能够更好地保护防火墙的内部网络的安全。防火墙的性能包含以下几个方面的指标。

（1）防火墙的并发连接数：和同时访问的用户数有关。

（2）防火墙的包速率：每秒包转发速率，与包的大小有关系。

（3）防火墙的转发速率：每秒通信的吞吐量。

（4）防火墙的时延：由于防火墙带来的通信时延。

防火墙的性能衡量的基准是与没有防火墙时的网络的性能进行比较，即直接连接通信时的比较。还有一类防火墙的性能指标是防火墙背靠背，防火墙背靠背是指从空闲状态开始，以达到传输介质最小合法间隔极限的传输速率，发送一定数量固定长度的帧，当出现第一个帧丢失时所发送的帧数。背靠背测试的结果能反映出防火墙的缓冲容量，网络上经常有一些应用会产生大量的突发数据包（如备份、路由更新等），如果丢失了这样的数据包会产生更多的数据包，而强大的缓冲能力可以减小这种突发流量对网络造成的影响。

影响防火墙系统的性能的因素有：防火墙的类型与型号；防火墙所运行的硬件环境；防火墙的安全策略；防火墙的附加功能等。

对于基于商用操作系统的防火墙产品来说，其性能直接与运行的硬件平台和操作系统有关系，如 CPU 数量、主频，内存、硬盘等；对于基于硬件的防火墙系统，性能与所选用的型号和部署的安全策略有关。

3．防火墙的稳定性

对于一个成熟的产品来说，系统的稳定性是最基本的要求。如果防火墙尚未最后定型或经过严格的大量测试就被推向了市场，它的稳定性就很难保证。可以从以下几个渠道获得关于防火墙稳定性的资料。

（1）国家权威的测评认证机构，如公安部计算机安全产品检测中心和中国国家信息安全测评认证中心。

（2）与其他产品相比，是否获得更多的国家权威机构的认证、推荐和入网证明（书）。

（3）其他用户的反馈评价，考察这种防火墙是否已经有了使用单位，其用户量也至关重要，特别是用户们对于该防火墙的评价。

除此之外，还可以通过自己对防火墙进行测试和试用来考察防火墙的稳定性。

4．功能的灵活多样

要想对通信行为进行有效控制，就要求防火墙设备具有一系列不同的级别，以满足不同用户的各类安全控制需求和控制策略。控制策略的质量体现在其有效性、多样性、级别目标清晰型、制定难易性和经济性等方面。根据不同的需要，防火墙可能要具有的功能包括：负载均衡、双机热备、防御功能、联动功能、内容过滤、VPN、双地址路由、DHCP 环境支持、MAC 地址绑定、带宽管理、多协议支持等。当然，防火墙支持的功能越多越好，但这样可能会付出性能的代价。

5．安装简单、易于使用和管理

很多防火墙系统因为没有正确的配置而没有起到预期的作用，而且如果防火墙的设置过于困难，很容易会造成设定上的错误，反而不能达到其功能，因此防火墙应当具有非常易于进行配置的图形化用户界面，具有安全的远程管理功能、基于浏览器管理等。而且一个好的防火墙，配置起来也应当是非常简单的，易于管理员掌握，这样才能够方便地进行日常使用和维护。

6．抗拒绝服务攻击（DoS）

在当前的网络攻击中，拒绝服务攻击是使用频率最高的方法。拒绝服务攻击可分为两类：一类是由于操作系统或应用软件本身设计、编程上的缺陷而造成的，由此带来的攻击种类很多，只有通过打补丁的方法来解决；另一类是由于 TCP/IP 协议本身的缺陷造成的，只有少数的几种，但危害性非常大，如 SYN Flood 等。

要求防火墙解决第一类攻击显然是强人所难，它所能做的就是应对第二类攻击，当然要彻底解决这类攻击也是很难的。抵抗拒绝服务攻击应该是防火墙的基本功能，如针对 SYN Flood，可以通过限制服务器接受连接请求的速度、最大半连接数和最大已建立连接数实现。

7．可扩展性和可升级性

用户的网络不是一成不变的，现在可能主要是公司内部网络和外部网络之间做过滤，但随着业务的发展，公司内部可能会有不同安全级别的子网，这就需要在不同的子网之间做过滤。目前市场上的防火墙一般标配三个网络接口，分别接外部网络、内部网络和 SSN，在购买时需要确定是否可以扩展网络接口，因为有些防火墙只支持三个接口，无法扩展。

另外，和防病毒产品一样，随着用户业务的扩展和网络技术的发展以及攻击手段的变化，防火墙系统也必须不断地进行升级。防火墙系统的升级包括了运行平台的升级和防火墙软件本身的升级，一般要求升级工作量和复杂性不要太大。

8．能否适应复杂环境

防火墙的工作模式通常有 3 种：路由模式、透明模式和混合模式。所谓混合模式，是指将一台防火墙当做两台来用，这样的防火墙有路由和透明两种工作模式。防火墙只支持前两种工作模式已经不能适应复杂网络的安全需求，因此在防火墙的基本功能和安全性满足要求的时候，还要考虑对于复杂网络的适应性。防火墙能否通过简单的配置，实现复杂网络的安全需求，例如对于用户、IP 地址、服务等都可以定义相应的组，从而简化安全规则的数目。

9. 防火墙是否具备 AAA 和日志功能

随着网络安全的发展，用户对网络安全认识的不断深入，AAA（认证 Authentication、授权 Authorization、记账 Accounting）已经不可避免地融入防火墙。现在用户对 AAA 的要求越来越高，已经远远地超越了简单的用户名/口令认证的阶段，逐步走向全面、标准的 AAA。从目前的校园网和某些科研机构的应用来看，防火墙必须在框架设计阶段就考虑到 AAA 才能满足用户的需求，而且必须提供相应的工具，使防火墙的 AAA 系统与用户原有的认证系统平滑过渡。

日志作为防火墙重要的一环已经是毋庸置疑的了，但是如何有效地使用和管理防火墙日志，是许多国内厂商没有解决的问题。经过这几年的发展，人们逐渐意识到产品标准化、国际化是大势所趋。早期防火墙使用 Oracle、SQL Server 等商业数据库进行日志管理，出现了两头不靠的尴尬局面。一方面对于中小型用户，商业数据库提高了总体成本和管理难度；另一方面对于真正的大型企业用户，一般防火墙厂商提供的日志分析管理软件，又达不到企业级应用的要求。

10. 防火墙是否具备附加功能

防火墙的基本功能是保护网络的安全，但是安全是一个整体的架构，在这个架构下还包括其他种类的安全技术，越来越多的防火墙产品本身融合了很多其他的功能和技术。一般来说，防火墙会具备的附加功能有 VPN 功能、带宽管理功能、网络计费功能、URL 过滤功能、日志分析功能、内容扫描功能、防病毒功能。

其中，在使用防火墙的 VPN 功能时，还要考虑防火墙上实现 VPN 的技术和标准、支持的 Tunnel 数目、支持的加密算法和加密性能、配置的简单性等。

在选择这些附加功能时，首先要考虑哪些功能是防火墙必要的、哪些功能是可有可无的。有两点是必须要注意：一是防火墙所带的附加功能越多，可能带来的防火墙的安全漏洞就越多；另一个是防火墙所带的附加功能往往不是这个领域最好的。

最后要强调的是，没有一个防火墙的设计能够适用于所有的环境，所以建议选择防火墙时，应根据站点的特点来选择合适的防火墙。如果站点是一个机密性机构，但对某些人提供入站的 FTP 服务，则需要有强大认证功能的防火墙。

另外，不要把防火墙的等级看得过重。在各种报纸杂志中的等级评选中，防火墙的速度占有很大的比重。如果站点通过 T1 线路或更慢的线路连接到因特网上，大多数防火墙的速度完全能满足站点的需要。

下面是选购一个防火墙时，应该考虑的其他因素：

（1）网络受威胁的程度；

（2）若入侵者闯入网络，将要受到的潜在的损失；

（3）其他已经用来保护网络及其资源的安全措施；

（4）由于硬件或软件失效，或防火墙遭到"拒绝服务侵袭"，而导致用户不能访问因特网，造成的整个机构的损失；

（5）机构所希望提供给因特网的服务，以及希望能从因特网得到的服务；可以同时通过防火墙的用户数目；

（6）站点是否有经验丰富的管理员；

（7）未来可能的要求，如要求增加通过防火墙的网络活动或要求新的因特网服务。

11.5 安全项目实施方案

防火墙初始化，保护内网安全。

 任务描述

张明从学校毕业，分配至顶新公司网络中心，承担公司网络管理员工作，维护和管理公司中所有的网络设备。为了防止公司内部销售数据安全，需要实施公司内网安全防范措施。

为了保护公司销售部数据的安全，提高办公网络的安全性，在企业网的出口处，安装了一台防火墙，过滤来自互联网上的攻击，防范来自公司内部的网络安全。

现在公司需要网络管理员张明学会管理和维护防火墙设备，以保护公司的网络安全。首先，小王学会登录防火墙，并对其进行初始化配置，使其满足基本的网络安全需求。

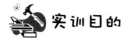 实训目的

熟悉防火墙的配置环境，掌握如何登录防火墙设备，会进行防火墙的初始化配置。

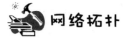 网络拓扑

如图 11-6 所示的网络场景，搭建防火墙的初始化环境。

【实验设备】

锐捷 RG-WALL1600 系列防火墙（1 台）、测试 PC（若干）、网线（若干）。

【实验步骤】

第一步：安装管理员证书

管理员证书在防火墙随机光盘的 Admin Cert 文件夹中，如图 11-7 所示。

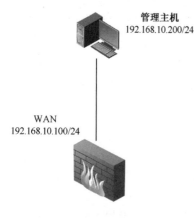

图 11-6　防火墙初始化配置实验拓扑

图 11-7　防火墙证书

双击 admin.p12 文件，该文件将初始 Windows 的证书导入向导，单击"下一步"按钮，如图 11-8 所示。

指定证书所在的路径，单击"下一步"按钮，如图 11-9 所示。

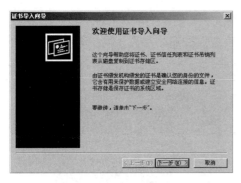

图 11-8　导入证书（1）

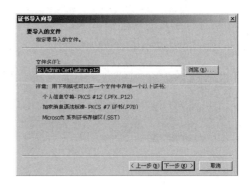

图 11-9　导入证书（2）

输入导入证书时使用的密码，密码为 123456，单击"下一步"按钮，如图 11-10 所示。

选择证书存放位置，让系统自动选择证书存储区，单击"下一步"按钮，如图 11-11 所示。

图 11-10　导入证书（3）

图 11-11　导入证书（4）

单击"完成"按钮，完成证书导入，系统会提示证书导入成功，如图 11-12 和图 11-13 所示。

图 11-12　导入证书（5）

图 11-13　导入证书（6）

第二步：登录防火墙

锐捷防火墙设备在出厂时，默认在其 WAN 接口上，配置一个管理 IP 地址 192.168.10.100/24，并且授权只允许 IP 地址为 192.168.10.200 的主机，才能对其进行维护、配置和管理。

将管理主机的 IP 地址配置为 192.168.10.200/24，在 Web 浏览器的地址栏中输入"https://192.168.10.100:6666"。注意，这里使用的 https 协议，这样就意味着所有的管理流量，都是通过 SSL 协议进行加密处理，并且端口号为 6666，这是使用文件证书登录防火墙时使用的通信端口。如果使用 USB-KEY 登录，端口号为 6667。

当使用 https://192.168.10.100:6666 登录防火墙时，防火墙将提示管理主机初始管理员证书，该证书就是之前导入的管理员证书，单击"确定"按钮，如图 11-14 所示。

之后 Windows 提示验证防火墙的证书，单击"确定"按钮，如图 11-15 所示。

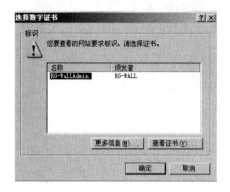

图 11-14　登录防火墙（1）

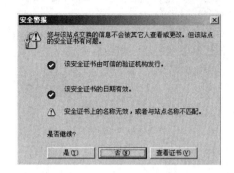

图 11-15　登录防火墙（2）

通过验证后，此时就可以进入到防火墙的登录界面，如图 11-16 所示。

使用默认的用户名"admin"与密码"firewall"登录防火墙，如图 11-17 所示。

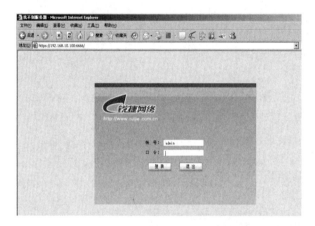

图 11-16　登录防火墙（3）

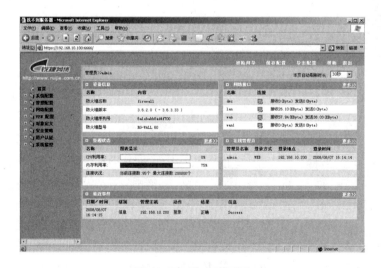

图 11-17　防火墙页面

第三步：初始化向导 1——修改口令

进入防火墙配置页面后，单击右上方的"初始向导"按钮，进入防火墙的初始化向导。

初始化向导的第 1 步是修改默认的管理员密码，如图 11-18 所示。

第四步：初始化向导 2——工作模式

初始化向导第 2 步是设置接口的工作模式。接口工作模式有混合模式和路由模式两种，默认为路由模式。路由模式是指接口对报文进行路由转发，混合模式是指接口对报文进行透明桥接转发，如图 11-19 所示。

图 11-18　修改防火墙口令　　　　　　　　图 11-19　防火墙工作模式

第五步：初始化向导 3——接口 IP

初始化向导的第 3 步是设置接口的 IP 地址和掩码信息，并且可以设置该地址是否作为管理地址，是否允许主机 ping 等选项，如图 11-20 所示。

第六步：初始化向导 4——默认网关

初始化向导的第 4 步是设置防火墙的默认网关，通常是与安全网关直接相连的路由器或网关地址，如图 11-21 所示。

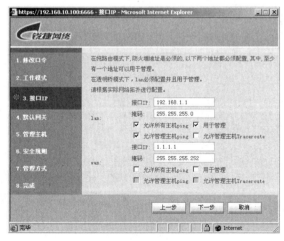

图 11-20　修改防火墙接口 IP　　　　　　　图 11-21　修改防火墙默认网关

第七步：初始化向导 5——管理主机

初始化向导的第 5 步是设置管理主机，只有该地址可以对防火墙进行管理。后续在配置界面中还可以添加多个管理主机。默认的管理主机为 192.168.1.254，如图 11-22 所示。

第八步：初始化向导 6——安全规则

初始化向导的第 6 步是添加安全规则，这里可以根据内部和外部的子网信息进行配置，如图 11-23 所示。

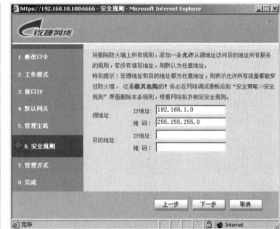

图 11-22 防火墙管理主机 IP   图 11-23 防火墙安全规则

第九步：初始化向导 7——管理方式

设置管理防火墙方式，有三种选择方式：使用 Console 口进行命令行管理；使用 Web 的 https 方式登录；使用 SSH 加密连接进行命令行管理，如图 11-24 所示。

第十步：初始化向导 8——完成向导

最后完成向导配置，此时页面会显示之前配置结果，单击"完成"按钮后以上配置将立即生效，如图 11-25 所示。

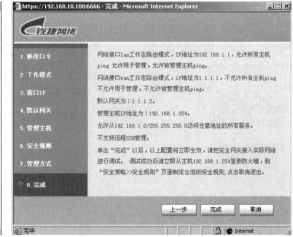

图 11-24 防火墙管理方式   图 11-25 防火墙完成向导